堂堂正正一辈子

与光对话

冯程平　海燕　著

沙门明道书

中山大學出版社
SUN YAT-SEN UNIVERSITY PRESS
·广州·

图书在版编目(CIP)数据

堂堂正正一辈子 / 冯程平，海燕著. —广州：中山大学出版社，2014.9
ISBN 978-7-306-05031-1

I. ①堂… II . ①冯…②海… III. ①成功心理—通俗读物 IV. ①B848.4-49

中国版本图书馆CIP数据核字（2014）213617号

出 版 人：徐　劲
责任编辑：曾育林
封面设计：楚泰书装
责任校对：杨文泉
责任技编：黄少伟
出版发行：中山大学出版社
电　　话：编辑部 020-84111996, 84111997, 84110779, 84113349
　　　　　发行部 020-84111998, 84111981, 84111160, 010-56011225
地　　址：广州市新港西路 135 号
邮　　编：510275　传真：020-84036565
网　　址：http://www.zsup.cn　E-mail:zbcds@mail.sysu.cdu.cn
印 刷 者：广州家联印刷有限公司
规　　格：787mm × 1092mm　1/16　19.875 印张　200千字
版次印次：2014 年 9 月 第 1 版　2014 年 9 月 第 1 次印刷
定　　价：48.00 元

《堂堂正正一辈子》编委会

冯程平简介

太阳哥哥，实名冯成平，常用名冯程平、冯程平，自幼父母赐名才平，字成略，湖北恩施土家族苗族自治州建始县官店镇铜钱坝村山人。以太阳哥哥自喻，实则源于内心对正气与正能量弘扬的渴望，一己之力虽微不足道，但以一份太阳的光芒点燃万千太阳的光辉必将让我们的社会光芒万丈。励志新书《堂堂正正一辈子》第一作者。堂堂正正、清清白白、真真切切一辈子是他的终生追求。历经沧桑的他，是一名从社会底层成长起来的草根学者、禅学践行者、文化传播者。他在“奉献爱、传递爱”的实践中认知“和善是文明之根”的真谛；他倡导有缘志士“共建和乐世界、引领心性回归”，践行“善行天下天下善、德贯古今古今德”的普世价值。“历经沧桑哈哈一笑、千秋万载护佑人寰”是他内心的真实写照。

热心公益、文化事业，参与策划运营系列弘扬正能量、传播大爱精神的社会活动和精神产品，如和平颂、羊城体育节、中国企业文化国际论坛、禅宗六祖文化节、观音文化节、岭南文化论坛、禅宗文化大讲坛，等等；策划出品电视剧《同舟共济》；主编出版《丰碑——中国共产党80年奋斗与辉煌》大型丛书；策划出版《毛泽东妙用典故精粹》、《破解晋汉春秋、习凿齿传千年谜》、《铁血将军刘永福》、《落日的辉煌——十七、十八世纪全球变局中的康乾盛世》、《中国触动全球》、《文化饥渴》、《奥林匹克宣言》、《看奥运》、《佛教伦理》、《我们都是快乐佛》、《禅师解惑》、《禅意栖居》、《胜经》、《领航》等文化产品；著有《红色管理——向中国共产党学管理》、《黄色管理——解析中国皇朝管理》、《蓝色管理——破解西方管理本源》、《管理治国——中华新文明的崛起》、《毛泽东思想与企业管理》等管理著作，被媒体称为“从山坳里走出来的人民管理学家”。

海燕简介

月亮妹妹，名海燕。“鲲鹏展翅舞人生，文字灵动话般若”这一直是心中一个美好的愿望，并且努力践行之。以月亮自喻源于太阳哥哥程平老师的心愿，他愿以太阳的光芒点亮人们的心海，让社会充满正能量。海燕更渴望与程平老师交相辉映，日月同辉，让我们龙的传人血脉里无论白昼与黑夜都可以徜徉大爱的力量，播撒大爱的光芒。让社会正行无碍，正见高扬，正语激荡，正能量畅响。

自幼喜爱写作，从未幻想过与文字成为亲密爱人，更没有奢望与文字一起施工，构筑多彩的生活建筑群，只是为了在童年与少年的作文课上赶快完成老师交给的施工任务，把简单的工程完成以免课下挨留，施工的质量还要相对保障，否则之后工程质量被查，后果更是不堪设想。随着时光的流逝，文字工程累积越多，与文字的感情在岁月的磨砺中越发亲密，它陪伴我走过了懵懂的童年与少年时期，与我十指相扣走进了青涩与充满热爱的青年时光。文字与我两小无猜、心心相印，我们一起走出中学校园、走进大学校园，建构那记录成长的象牙白塔建筑群，镌刻下学生时代的朝气与无尽的向往。

我与文字情投意合、倾心相许，我们笑着、闹着、跑着，舞动青春的灵动之气，挥手告别学生时代走出校园；对生活的爱恋，对社会的解读，对事业的追求又一次让我和文字有缘一起重回了校园，拥有了传道、授业、解惑的责任，成为了大学校园里的一名园丁，我们这次的工程是如此的神圣，同时又是在构筑毕生的建筑作品，我与文字从此海誓山盟、不离不弃，为着童年的梦想、少年的希望、青年的信念以生命为依托，以血脉为钢筋铁骨，让教育的大厦屹立于文化之林。

一己之利虽微不足道，但盈满心怀的是对生命的珍视，对生活的感激，对师长的感念，对朋友与家人的感动，对自然与万物的感怀，对祖国与社会的无限感恩。我与文字虔诚顶礼膜拜，以一切正念之光辉为坚定信仰之根，构筑文明之建筑伟业，书写心灵殿堂灵动之光，彰显华夏文明厚重底蕴与精华。我与文字愿与您一起续写生命华美篇章。

序言
INTRODUCTION

日月同辉　正气长存

《堂堂正正一辈子》一书自精装版出版问世以来，带着太阳哥哥（程平先生）、月亮妹妹（海燕老师）的善美情怀，以语言文字的形式与社会各界人士进行了一场心灵的沟通与对白。得到了大家的喜爱，在此作为本书的作者，我们向所有给予《堂堂正正一辈子》一书支持、扶助、付出与赞叹的各位善友表示衷心的感谢。

如果说未出版之时我们带着欣喜与渴望，期望《堂堂正正一辈子》一书带着正气、正能量；带着父辈的家训、带着民族的信仰力量走进您的生活。而当它似一个充满活力与朝气的新生儿与大家见面之时，它得到了不同年龄层次、不同职业类型、不同信仰基础的人们的喜爱，并把一切美好的赞叹赋予了《堂堂正正一辈子》一书。拥有此书，老人们感怀“感受到了流淌在血液中的祖辈的谆谆告诫与期盼”；拥有此书，年轻人感慨“终于让我们懂得了信仰的力量与生命的价值可以瞬间彰显，并如何长久保存而恒常”；拥有此书，文人雅士感叹“我们心中的梦想有了‘堂堂正正’作为脊梁”；拥有此书，为官参政之人感念“两袖清风‘正’为贵，铮铮铁骨‘志’向前”。这一幕幕感人的情景，不断地萦绕在我们的眼前，让我们在心中向我们的父母师长，向我们伟大的祖国无数次地顶礼膜拜，祖国的昌盛与繁荣富强，是每一个儿女心中永恒的追求与向往！

从古至今，国之隆昌，民之福祉；爱国者，国恒爱之；利国者，国恒佑之；浩浩汤汤，大同景象；岁月尽逝，朝代更迭；堂堂正正，清清白白；千秋史册，无颂自歌；功名利禄，过眼云烟；浩然正气，丹心可鉴；何为吾需，高风亮节；何为吾依，厚德载物；何为吾倡，堂堂正正；何为吾赞，大爱无疆！

《堂堂正正一辈子》简装版带着大家的呵护与厚爱，即将与你们一起展开新的人生旅程。写于此，道一句，以书与您相识、相知、相聚，我们的内心已然情浓于水，家亲有爱。身虽天涯，心咫尺。字里行间，笔墨流转处，书笺流连时，我们以“堂堂正正”的誓言彼此承诺，我们以“堂堂正正”的爱语期待相逢；我们以“堂堂正正”的傲骨与威风摇响寰宇的风雷，让它正气激荡，豪情唱响，民族之魂，虚空闪耀。让我们用太阳与月亮的交相辉映，点燃起华夏儿女心中的热肠，让我们以太阳与月亮的日月同辉，铸就起人们心中的丰碑与信仰的力量。

“堂堂正正一辈子”是中华民族信仰的基石与脊梁！

导读

第一章 正见的高远似天空，让人向往，更让人珍视；本章通过对“人”字立体化、形象化的解读走进圣者、智者、普通人的正见之路，从而书写“人”之“大”“个”的丰富历程。

第二章 正思维植根于大地的沃土，为堂堂正正的人生谱写孕育的篇章。本章通过数字话“人”生，文字品“人”生的趣味方式解读“人正”与“正人”之正确思维的人生深意。

第三章 正业的稳健是人生的关键，似高山般撑起人生的天空。本章通过解读“开心”的真谛，进而通过“开心”锦囊的揭秘来品味人生路上的多姿多彩。

第四章 正精进似流水一样绵延而持久，人生需要精进与奋斗。本章通过对小故事的解读身临其境地感悟人生中勇往直前奋斗的诀窍。

第五章 正语伴着花香前行，人生拥有芬芳璀璨。本章通过花之语、诗之情展现正语之光彩和摄人心魄之魅力。让“人”字因正语而中正，让“人生”因正语而堂堂正正。

第六章 正念似小草般坚韧，人生因坚韧而无坚不摧。本章从眼波、双手及真心的感受之处领略正念的光辉，让“人”之堂堂正正赫然屹立于眼前。

第七章 正定有如清风般潇洒自在，“人”的“正”在定的智慧中成长。本章从陪伴您品茶、挥毫与行走中感受“人”之正气。

第八章 正命似艳阳温暖人生，照耀寰宇。本章从向上、向下、向外、向内、向大家、向和、向恒的不同角度感悟人生幸福命运之堂堂正正。

第九章 堂堂正正一辈子的人生旅程中，我们彼此不分离，我们在一起，本章以温暖的场景、动人的语言表达人生路上人与人之间和善友爱，相扶相帮永不分离，心与爱始终在一起的浓浓的情怀。

第十章 众缘和合，共享正气。本章汇聚堂堂正正一辈子人生之楷模大家及文化名人、网络名博之至诚文字抒写人生之豪情。正气凝聚，浩然长存；堂堂正正，和善中华。

目录
contents

第五章 鲜花的怒放装点正语

第六章 小草的坚韧启迪正念

第七章　清风的自在抒写正定

第八章　艳阳的温暖观照正命

第一章

天空的高远携手正见

正见给人一双明亮的眼睛，使人能够看清事物真实的一面。可以说，正见就是一个清凉的处所，是一个修炼内心的人应该到达的地方。

安分守己
行善积德

周陕农

二〇一四年六月

互联网时代，信息飞速地播撒，人与人之间的距离在缩短。无论多么的遥远，在网络上都成为零距离沟通。网络上草根可以成为名人，名人也是草根。心灵的释放，让大家因为一个话题而畅所欲言，为话题找个“答案”，给问题以“答案”。天真稚嫩的“答案”有，热情洋溢的“答案”有，睿智高远的“答案”有，字字珠玑的“答案”有，而无论是在互联网上，还是在网络之下的现实生活中，一位被人们誉为具有强大魅力、朴实、亲民形象的领导人——习近平，成为人民心目中的偶像，就在我对新一届的领导人无限崇敬之时，在冯老师的书桌上看到一首直白而喻意深刻的诗《堂堂正正一辈子》，突然让我想起了这首诗与网络转发的“习近平寄语”有惊人的相似之处，便好奇地请教冯老师为何写这首诗？网络转发的“寄语”是否与冯老师有关？冯老师告知：他是和几位参加政协茶话会的前辈聊天时听到他们赞美中国有希望了，选出了年富力强、德才兼备的，充满朝气、富有活力、让老百姓充满希望的领导集体。习近平的讲话不仅让我们对中国梦充满了希望，更是在引导我们学习如何做人，如何成就幸福的人生。学习习近平关于如何幸福一辈子的讲话，把他的思想整理之后在短信和微信中与有缘人分享。至于网上转发的“寄语”应该是习近平正能量感召的结果，也可能是那些有责任感，爱国爱民人士的行为。不管如何？只要对社会、对国家、对人民有利的，我们都支持和参与，尽自己应有的力量去践行。

一席话，让我内心激情高扬，根据习近平的讲话精神，有感而发，写下了《堂堂正正一辈子》一诗，这朴实的诗歌把领导的贴心话语和百姓的内心呐喊紧紧地连在了一起，当这首《堂堂正正一辈子》在网上热情传播时，引发了网民们内心朴实的情怀，掀起了人们心中的热潮，同时也拨动了所有国人的爱国情怀。

人在年少时，一定要立志；
经得起风雨，才能长见识；
莫好高骛远，稳健才扎实；
做事讲诚信，做人讲良知；
你有能力时，认真做大事，
没有能力时，快乐做小事；
你有余钱时，尽量做善事；

没有余钱时，修身不停止；
人活一辈子，自省多深思；
取得成绩时，自律更坚持；
私心膨胀时，欲望要节制；
你有权力时，为民造福祉；
没有权力时，善小亦为之。
当你能动时，身体力行事；
人到休息时，回忆开心事；
人这一辈子，都会做错事，
改正是好事，避免做傻事；
坚决不能做坏事，
人生就是这回事，
堂堂正正一辈子。”

这充满平和却语重心长的话语更让人们的激情从心而发，碰撞着国人的柔软心肠，激起了网络海洋的波浪，波涛翻滚，激荡着人民对领导人的信任、期盼与渴望——网民如是说：“今天在群里看到一个帖子，貌似是看习总书记讲话写出来的诗，感到写得太实在了，比喻得很形象，真的好温馨，诗的作者表达出了我们共同的心声，所以转载过来，与大家分享。”

这温暖的海洋托起了一轮旭日，从旭日和海的方向，走来的是华夏儿女，他们用心来领悟并印证习近平从心底发出的最美“中国好声音”，让我们一起放下尘劳，歇下脚步，开启心扉，共同来体味一下堂堂正正一辈子的人生吧！

回眸，与圣者对视

拥有宏大的愿望，保有豁达的胸怀，具有济世的品格，在世间为善人，出世间则为菩萨。

清晨，一缕和煦的阳光透过明净的窗户照射进书房，在这里即将开始一段温馨的谈话，共同走进心灵的殿堂，去感悟生活的快乐与幸福。

“这么清新自在优雅的环境啊，我们可要好好珍惜喽！”冯老师爽朗的声音在房间里回荡。

月亮妹妹：

老师，之所以选择这样一个地方，源于我想今天和您交流的话题从“人”和“信仰”开启。因为在我的内心一直有这样一个认识，“人”字笔画简单，却内涵深远；“信仰”看似神秘，却纯净专一。所以我很期待与老师您共同游历简单，共同揭开神秘，共同品读神圣。

太阳哥哥：

好啊，那就让我们从“人”开始吧！如何写好“人”字，如何做好“人”字，如何成为一个堂堂正正的“人”是我们要明白的一件很有意思的事情。做人第一步要做什么，其实很简单，学站立，站不起来难成人。你看看我们把一撇一捺躺着写谁也不会承认它是“人”字，所以第一步是身体站立起来；那做人的第二步又是什么呢？依然很简单，学站立，这次是心的站立，是人的志向和信仰的确立。人这一辈子其实就是在不断地确立志向拥有信仰的一个过程，可是我们却没有仔细体悟和聆听内心的叮咛与嘱托。今天燕子你来带着大家重回呱呱坠地之时，看看我们如何书写“人”字的，如何学习做人的。

月亮妹妹：

好哇，老师，我明白您的意思了。我说几句话请大家和我一起来回想……

“宝宝快快长大吧！”

“宝宝要做个听话的好孩子！”

“宝宝坚强，慢慢走不怕摔！”

“宝宝是最棒的，会站起来了！”

“宝宝长大了要做最聪明的宝宝！”

我相信所有的人都听到过或说出过这样的话语，这话语看似很简单没有什么内涵，但是我们仔细品读却饱含着浓浓的爱、深深的期盼，这话语中的一往情深充满了正能量，这是阳光、是雨露、是绵绵的沃土滋润着“人”的成长；这话语虽然直白，但志向明确，愿望具体而循序渐进，从不急躁，充满耐心，在用无限的深情和高远的志向历练“人”的成长。

有什么话语比得过这深情的呼唤，有什么话语比得过这暖暖的关怀，有什么话语如此般地释放人的尊严，有什么话语如此般志向高远。这是什么？这就是信仰的力量。它不神秘，但神圣庄严地书写着一撇一捺的“人”生。

太阳哥哥：

燕子，你说得很对。简单的生活中往往孕育着深刻的道理，一个人在年少的时候树立一个远大的目标，并朝着这个目标前行的时候会遇到很多的挫折，如何才能不气馁，不让坚定的心退转其实是一个很重要的问题，同时又是一个很简单的问题，这也就是我们今天聊天的主题喽。

月亮妹妹：

老师，我懂了，这就是要让严肃的话题轻松化；让复杂的事情简单化；让深奥的道理形象化；让迷茫的内心明朗化；让简单的“人”字立体化，让秉直的“正”字生动化。老师，那就让我们用文字和每一位读者谈恋爱，敞开心扉，心心相印吧！

太阳哥哥：

燕子，那就让我们一起来玩个文字游戏吧，我们先用显微镜细致地看文字，然后再用放大镜宏地观看文字。

月亮妹妹：

好哇，那就让我们开始文字游戏之旅吧！

“人”立天地间，

撇捺话人生；

加一横为“大”，

做人要豁达；

加一竖为“个”，
使命通天地；
大字加一横，
“天”字立于前；
天字含高远，
做人有正见。

为什么要这么说呢？“人”字一撇一捺立于天地之间，这就确定了它的信仰和志向就是天同覆地同载的平等与博爱。加一横为“大”，奠定了做人的胸襟要豁达，要有大丈夫的胸怀与气度。加一竖为“个”，“个”字撑起的是一个人通天地的使命。“大”字加上一横即为“天”，“天”字就是大人之本，人立于天地之间要胸怀正见，要立志于天下，要有人生的理想和抱负，要有人生的信仰与追求。

信仰是什么？是人在通天彻地之时的一腔浩然正气。通常生活中有人一听到“信仰”二字，连连摆手、不断摇头，不敢触及，生怕沾上宗教之嫌。其实“信仰”是内心的真、善、美、慧的自然流露，是对正义的彰显，是志向的昂扬。“信”为道源功德母，“仰”为德能坚固基。仰望之时自身自然放低，身心皆低，德能倍显。

仰望之时可以感受更辽远的天际，视野开阔的刹那，内心的宽广尽情释放。

老师，记得我曾经在一间寺院的墙壁上看到这样一句话“满足是幸福的源泉，信仰是生命的力量”。今天选择在这样一个环境下也基于对信仰力量的热爱，同时也更想和老师一起来理解一下信仰和志向的关系。当我们还是少年的时候，每一位老师就曾不断地告诫我们要树立远大的理想，那什么才是我们要树立的理想呢？如何才可以树立理想呢？这与信仰的关系又是如何呢？

愿望的确立，充满力量；美好的愿望，更能产生强大的正能量，激发内心的智慧财富的涌现。

镜头一

年少轻狂岁月，历练坚定志向

谈话进行中走进来一位年轻人，见到老师，深深鞠躬，冯老师请他落座，慈爱地邀请他加入谈话，共同加入这愿力的旅程……

小伙子表情腼腆，目光迷茫，眼神中带有太多的问题。冯老师微笑着握着他的手，然后用自己的大手拍拍他的头。小伙子一下放松了，把头轻轻地靠近冯老师的肩头，紧绷的身体一下子释然了。

年轻人依然不愿松开握着冯老师的手，抬起头面对我们提出了自己的疑问：

“作为生长在今天的大学生、年轻人，我们被誉为‘80后’、‘90后’，对这样的称呼好像表明我们这一代人身上的责任感缺乏，不如父辈；可是我们真的是有理想、有抱负的，但是更有太多的困惑，又应该如何解决呢？”

这位年轻人接着说：“老师，你们也有过年少的时候，你们又是如何确立自己的人生志向的呢？有没有经历过我们的这些困惑呢？”年轻人说完，脸上充满期待和渴望，他太希望从我们的身上找到些他想要的。

冯老师耐心地同他交流着：“我来给你讲一个年轻人的甚至可以说是少年的故事吧。

有这么一位11岁的少年，当时他看到南京文德桥压塌的悲惨情景，就在内心立下了大志，要为人们造一条结实的桥。为了实现愿望，他无论走到哪里，都认真观察桥；读书读到桥，就把内容摘抄下来，看到报刊上桥的照片，他就搜集起来。15岁他就考入了专门学习造桥的学校，继而走上了桥梁建筑的道路。后来，他实现了自小的理想，造了著名的钱塘江大桥、武汉长江大桥，为国家做出了重大贡献。他就是我国当代最杰出的桥梁专家茅以升。

从老一辈科学家的少年立志中我们可以看到，内心志向能量涌动之时可以产生强大的力量，而当我们力图努力为实现理想、义无反顾地奋斗时，这坚定的信仰的力量又可以激发无限的能量达成最终的目标，这就说明一个问题，首先要敢想，敢于确立自己的志向，这是首位。”

这位年轻人拿出自己的本子，在上面写下了这样一段话:

仁者，谓其中心欣然爱人也；其喜人之有福，而恶人之有祸也；生心之所不能已也，非求其报也。

所谓的仁爱之人，是说他从心底里很高兴，很自然地去爱别人，他喜欢别人也有福，而且不喜欢别人有灾祸；这是一种从心中生起而不能停止的情感，不是为了求得回报的情感。

写完这段话，他拿出存储在手机上的一张图片给我们看:“您看，这是我从网上搜索到的两张习主席题的字，一张是‘壮志凌云’，一张是‘大爱撑天’。此时此刻，我好像更懂得了习主席内心的情怀。作为一名以中国文化为研究课题的大学生，我现在明白了，内心中如果不拥有‘仁爱’的情怀，缺乏‘善德’的操守，是不可能有心怀天下的伟大志向的。”

志向始于心，止于仁爱、善德。

此时这位同学脸上绽放出灿烂的笑容，开心地拿出手机，写下了这样一段微博，表达了他对年轻立志的理解:“志向与信仰的美，似饱经沧桑的老人，用坚定的脚步舞动对生活的爱恋，用悠闲的舞姿变化出人生的苦乐无常，演绎出诗人笔下‘空山新雨后，天气晚来秋’的闲适与自在；历练出老庄‘道可道，非常道；名可名，非常名’的人生体悟；涅出一代王子追求真理苦行成智者的辉煌，让我们看到心是莲花开的洁净，让我们感悟火焰化红莲的勇猛，让我们期待莲花处处开的神圣。

年轻人发完微博恭恭敬敬地说：“人一旦确立了自己的志向后，会经常遇到挫折，这些不顺利有时候会影响我们的坚持力，以老师们的经验如何解决这样的问题呢？”

月亮妹妹：

你问得好，无论是怎样的人都会在一生中有过这样的困惑，我来给你讲一个关于白莲花的故事吧。

镜头二

幽幽白莲情，拳拳佛子心：白莲花般大愿

月亮妹妹：

我们都知道莲花具有独特的品格和魅力，历来被文人和雅客作为彰显内心志向的象征。

年轻人一边聆听，然后认真地说：“您说得对，在我们中华文化中的确许多的文人墨客以莲花自喻，以莲正身；周敦颐就写出了《爱莲说》‘予独爱莲之出淤泥而不染，濯清涟而不妖，中通外直，不蔓不枝，香远益清，亭亭净植……’”

月亮妹妹：

有这样一个关于白莲花的故事。

在很久以前，有很多的智慧之人都立下宏大的志愿，纷纷表示要用自己的才能来帮助世间的一切众生，让大家来获得无上的智慧、无尽的关怀和无穷的力量。当智者们纷纷探讨如何来帮助人，去帮助什么样类型的人时，各有差异，有些人愿意去帮助那些有一定根器和智慧的人，有些人愿意去帮助有一定福报的人，而其中有一位智者他坚定地说，要去帮助那些思想上还没有较高认识，内心还有很多迷惑，还没有一定的福报的众生之时，他的那种坚定的力量和决心就有如白莲花般的纯净与刚强，丝毫没有染浊。

他的愿望困难之大，挫折之多可想而知，所以后人把如他般的志向用白莲花来比喻。其他智者的愿望也是如此之美好，所以后人把他们的愿望比作如鲜花般的愿望。这位智者也可以说是圣者，他就是2500年前降生在印度的释迦牟尼佛。世世代代人们对这位圣者都充满崇敬，他是人们心中信仰的力量，人们按照他的言教去修行、生活、利益众生。

人们都很向往成为白莲花般一样的菩萨，并具有白莲花般的菩萨精神，有着对于自己志向的坚定信心和宏大的愿力。

我向你推荐一本书《释迦牟尼佛传》。我们抛开宗教的一面，世间任何有坚定信仰，为利益众生而服务的人的坚强品格都值得我们学习和赞叹。

出世间对佛菩萨来讲这叫愿力，也就是世间人所说的理想、愿望和志向。诸佛菩萨都在心中拥有这样的誓言："不为自己求安乐，但愿众生得离苦。"

话语落下，此刻内心归于沉静，被窗外照射进来的一束温暖的阳光渲染得更加安详而又放射着光芒，阳光毫不吝啬地照射到房间的几案上，时光定格在了这一份宁谧之中……

信仰的力量、修行的魅力弥漫着、散播着，让我们一起感受着、契合着、体验着、感悟着。

佛陀的出世与修成正果，并不是像原野中突然绽放的花朵，或是海面上突然出现的泡沫一样。佛陀原本也和我们一样，在过去佛出世时，也身为有情众生，不过佛陀能发愿成就无上正等正觉，然后勤修直成佛道的菩萨行，终于在完成无数善行与累积无量功德之后，证得无上正等正觉而成佛，都源于他的两种利益行：一种是自利，而另一种是利他。这是无碍的智慧，这是大舍的博爱。

定睛，与智者相遇

镜头三

不经一番寒彻骨，哪得梅花扑鼻香

太阳哥哥：

小伙子，我给你讲个人吧，中国家家户户耳熟能详，中国改革开放的领路人——邓小平同志。他的人生经历中有着重大的“三落三起”，而这也印证了古人所说“天将降大任于斯人也，必先苦其心志，劳其筋骨，饿其体肤”，如此才能修身、齐家、治国、平天下。邓小平壮丽辉煌而富有传奇色彩的一生，从中让我们看到人生无论是春风得意或是陷入低谷时，都要坦然去面对，胜不骄败不馁。

只有进退有度，方可左右有局；惟有宠辱皆忘，方可宠辱不惊！

处理事情的时候懂得前进，也要懂得放弃；才不会面临绝境（两面受困）。前日的荣誉和屈辱都不要计较，才可以做到处变不惊。人生一路征程亦须借鉴，认真审视，立于实践。

修行者经常用“勇猛精进”来形容一个人的韧性和持久性，高歌猛进、一往无前的精神。我曾经参观过邓小平的故乡，当了解了他波澜壮阔的一生时，他说过的这样一句话让我感同身受“我是中国人民的儿子，我深情地爱着我的祖国和人民”。

立志，为何？实现理想和抱负。最伟大的理想和抱负是什么？报恩，报父母恩、国土恩、众生恩。只有心里装着的是人民的利益、民族的盛衰的人，才可以立大志，成大业。

这就是我们今天所要讲的——正见。

正如《堂堂正正一辈子》一诗中所讲的——人在年少时，一定要立志；经得起风雨，才能长见识；莫好高骛远，稳健才扎实。

月亮妹妹：

当我们行于天地间，无需背负太多以前的过往，只需轻装上阵，方可一跃千里，不知疲惫。年轻人就是要有一份青春的朝气，有一份勇猛的豪情壮志。

太阳哥哥：

我们每个人走到了今天，听到更多的是曾经我多么的成功，使劲地吹嘘以往的作为；或者是因曾经遭受失败的打击而一蹶不振，神情恍惚，甚至有轻生的念头。这些太让人心疼啊！所以，正见在心中的树立是何等的重要啊！

镜头四

狂来轻世界，醉里得真知

年轻人越听越入神，眼睛里放射着喜悦的光彩，脸上露出年轻人特有的红晕。这时，他从心底唱起了一段悠扬的歌声：

长亭外

古道边

芳草碧连天

晚风拂柳笛声残

夕阳山外山

天之涯
地之角
知交半零落
一壶浊酒尽余欢
今宵别梦寒
……

年轻人唱完更加兴奋了，问道："老师您讲的道理我明白了好多，无论是什么样的圣人、伟人，他们之所以成为智者都是因为他们有着比常人更坚韧的经历苦难的耐心和毅力，同时您讲的这些也让我想起了一个人李叔同——弘一大师。弘一大师的一生也很传奇，我也很想请您谈谈弘一大师是如何励志的，如何从李叔同转变为弘一法师的？其实这是很多人迷惑的地方？"

月亮妹妹：

其实今天的我们，在生活中为何不能坦然地面对当下呢？因为有太多的不舍与放不下。人的欲望仔细想想的确没有止境，为着权、名、利而绞尽脑汁，废寝忘食，孤独地奔跑着。而缺乏一种中华文化中古人的"不以物喜，不以己悲"的畅然与豁达。那么，名利在生活中难道就不要了，其实不然，有了名利是国家和人民赋予我们的一份使命，而不是给我们的一份享受。当我们用名利奉献我们的智慧，做利于他人的事情之后，我们就放下名利，给自己一份轻松和自在。就像“人”字，我们从外形上看，它是多么的清清爽爽，风流倜傥，毫无羁绊，潇洒自在。如果我们给“人”身上加上一堆东西，那“人”就不成人了。

其实生活的道理就这么简单。我们这样做了，一切便轻松了，就可以展翅高飞，轻盈直上，感受自然中应有的美了。

太阳哥哥：

燕子说得对，正如我们经常说的一句话，生活中小舍小得，大舍大得，不舍不得，这是心态的必然规律，而今天我要教你一种更好的方法，让一切归于平静，那就是“舍而不得”，让自己的内心连一个“得”字都不存留，做到从内而外的无欲无求，真正地做到两袖清风，让自己在生活中任运自如。

月亮妹妹：

弘一大师在世风变幻不定的年代，不为流风所动，坚持独立的人生方向，以一以贯之的生活态度，彻底而无一丝苟且的另类生活方式，“以出世的精神，做入世的事业”，这是一种博大的胸怀。真正地在书写“人”生。由李叔同到弘一大师的转变，是生命价值的统一，是信仰坚定的升华，同时也是对国家和人民的一份重重的责任。所以，他重人格、重修养、重践行始终如一的贵族品格，在那样一个喧嚣的年代卓然屹立，令人不解，同时又令理解之人无限钦佩与赞叹。他坚守着自我的人生立场和生命的尊严，看似超然的人生态度背后，实则隐含着对理想一贯的坚持和追求。

在弘一法师身上博雅的知识教养、淡泊的人生态度、纯洁的精神追求、严谨的生活仪轨、浓烈的社会情怀、独立的精神取向，都体现了一个人拥有正见的坚定，所以李叔同的一生永久地定格在了后人的记忆中。

镜头五

水中心世界，宏愿自心来

太阳哥哥：

燕子，我们谈了这么多，归根结底要描绘一个“人”字，人的一撇一捺如何写得端正。无论是圣者还是普通人内心中徜徉的都是如阳光般美好的理想与愿望，这就是正见的力量、正见的能量。

月亮妹妹：

老师，我曾经看过了一个日本科学家关于水的结晶的实验，通过几十年的实验他得出了这样的结论：水是有感知的，水是有听力，水是有视觉的，总而言之水是有生命的，一切之中水知道答案。更有意思的是，在实验中他发现了人的愿力不可思议。

这位科学家曾经这样说过：还是孩子时，我就许下100个愿望，长大成人之后，有些愿望实现，然后我又在这些愿望的基础上许下了一些新的愿望。一定要有宏大的梦想，而且要满怀激情地去实现它，这点极其重要。只要有了宏大的梦想，你就会遇见自己需要遇见的人，经历你所需要经历的事情，而你的能力会逐渐上升到足以帮助你实现梦想的水平。梦想越宏大，你的能力就会被提升得越高。

老师，的确我也有同样的感受，我从小的时候因为父母亲都是教师，所以他们很期望我依然从事教师的职业，就给我描绘教师的种种美好之处，而我在幼小的心灵里也觉得教师是一个很神圣的职业，所以也暗暗地树立了这样的理想，最终如愿以偿地登上了三尺讲台，成为了一名园丁。

太阳哥哥:

是啊，一个人目标的树立至关重要，我也曾看过关于水的实验的介绍，当水看到或听到“我能做到”的字样时，形成的结晶坚实而美丽似乎在告诉我们，只要你相信自己能够做到某件事，无论它看起来多么不可能，你都一定能把它变成现实。

实验同时验证了一件事情：就是“我做过那件事情”要比“我能做那件事情”更能帮助你成功。所以在设定下一个目标之后，不妨告诉自己“我做过”，而不要说“我能做”；在面对一项比较困难的任务时，如果能学会使用过去式，结果将会大大不同。相比之下，如果你认为自己不能完成某件事，不管这件事有多么的简单，结果也有可能无疾而终。给水以“我能做到”的信息可以产生美丽的水结晶，而“我做不到”则形成的结晶极其扭曲。

所以这些实验也为我们验证了今天我们所要理解的内容：堂堂正正一辈子的人生，从“人正”、“正人”扬帆起航。

第二章

大地的承载孕育正思维

思想的火花可以照耀浩渺的夜空使之璀璨，思想的光华可以弘贯历史的长河使之浩瀚，思想的精髓可以长养人之正气使之顶天立地。

一個真誠坦蕩的人
見了活人不挨罵
見了死人不害怕

劉斯奮 癸巳年

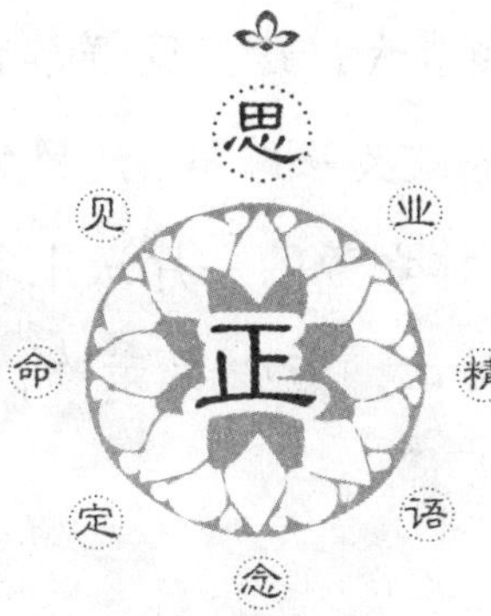

月亮妹妹：

正确的思维给你以无穷的智慧，正如斯宾诺莎所说："智慧，不是死的默念，而是生的沉思。"

太阳哥哥：

堂堂正正一辈子的"人"我们在昨天给他插上理想的翅膀可以亲近天空的高远，今天我们要帮助他可以俯下身来用正思维拥抱大地。

月亮妹妹：

既然如此，老师，我们不妨走出户外，亲身体验一下大地的气息吧。让我们和所有的朋友一起用我们的心感受，用我们的手触摸，用我们的眼亲见，用我们的鼻嗅香，领悟大地的承载力量之厚重和博大，这里同样孕育着正思维的光华。

一路欢笑一路歌，清风领路情趣多。河之畔，山之崖，林之旁的一片沃土之中，我们停下脚步，与自然对话，与心灵亲吻，与思想恋爱，与正气拥抱。

月亮妹妹：

老师，今天我们要带给大家轻松和愉快，正思维这个话题比较沉重，但我们要带给大家快乐和自在，是否同意呀！

太阳哥哥：

智者同智，乐者齐乐。那就一起来做快乐佛吧！

月亮妹妹：

老师，那我们在这么充满灵性的地方，面对自然的一切，应该即兴赋诗一首，不管质量高低，全在真心拥有。

太阳哥哥：

那我就先来对自然万物表达一下我的“人”情喽。

圆梦中华

梦里有个家
可小亦可大
小容我一个
大融普天下
上天是我爹
大地是我妈
所有善良人
齐把大爱洒
姐妹兄弟亲
相融本一家
如意真仙佛
吉祥你我他
携手搞建设
民富强国家
人人和合美
圆梦我中华

月亮妹妹：

太棒了老师，“人”情迸发，大爱薄发。该我了。

大地之魂

你是群山的父亲，
塑造山峦的雄伟；
你是长城的母亲，
缔造中华的巍峨；
你是森林的兄长，
营造生活的绿荫；
你是花草的姐妹，
打造世间的奇妙；

你用一腔沃土的柔情，
释放满腔的慈爱；
你用千般能量的薄发，
激荡万般的柔情；
我们携来彩云装点山脉，
只为你的高贵；
我们呼唤清风抚慰森林，
只为你的幽雅；

我们聚首阳光照耀花草，
只为你的芬芳。

为你，
是为了我们的家园更宽广，
为你，
是为了我们的筋骨更刚强，
为你，
是为了华夏的厚德永弘扬，
为你，
是为了和善的中华耀东方。

听故事，长智慧：解字悟人生

太阳哥哥：

人以正见站立起来，以正思维丰富起来。

我给你讲一个小故事。

有一天，一个父亲问儿子：“一磅铜的价格多少？”儿子答：“35 美分。”“对”父亲说，“全得克萨斯州都知道每磅铜价是 35 美分，但我们应该说 3.5 美元。你试着把一磅铜做成门把手，看看是不是价格变成 3.5 美元。”

等父亲离开人世后，儿子独自经营铜器店。他用铜做铜鼓、做奥运会奖牌，他能把一磅铜加工升值卖到 3500 美元。他成了麦考尔公司董事长。

1974 年美国政府清理翻新“自由女神”像丢弃的废料，公开招标却数月无人应标。他闻讯从法国飞往纽约，实地察看堆积如山的铜块、螺丝、木料等。废弃物后，他当即签了清理合同。当时许多运输公司对他暗笑，要看他的笑话。而他立即组织人力对废料进行分类，把废铜熔化、铸成小“自由女神”像，把水泥块、木料加工成底座。两个月后这堆废料竟奇迹般变成 350 万美元。

充满智慧的思维，使一堆废料的价值翻了一百万倍。正确的思维，不仅产生有价值的财富，而且产生推动社会前进的动力。

月亮妹妹：

老师，正确的思维不仅可以创造无尽的财富，推动社会的发展，同时还可以体验生活带给我们的那份欣喜和幸福。记得我曾经看过这样一个故事，故事虽小，但蕴含着一个简单明了的道理。故事的名字是《小壁虎断尾巴》。

一只小壁虎被蛇咬住了尾巴，它拼命地挣扎，尾巴断了，小壁虎得以逃命。

一位农夫见了，对小壁虎说："你这可怜的小东西，刚断了尾巴，是不是很痛啊！"小壁虎含泪点了点头。"来，我给你包扎上，这堂堂正正一辈子草药是止痛的。"农夫拿出一包草药说。"不，我很感谢这疼痛，因为是痛让我知道自己还活着，而且，你包扎了我的伤口，它怎么能长出新的尾巴来呢？"说完，小壁虎带着钻心的疼痛爬走了。

这个小故事其实告诉我们一个崭新的思维模式：痛苦带给人们的不一定是负面效应，有时痛苦也孕育着希望，能感觉到痛苦，就说明还有知觉，还有活下去的希望，这个时候，能够痛苦岂不是一件很令人开心的事情？

所以，正思维是开启幸福和快乐之门的钥匙，是架起通往智慧彼岸的桥梁。

太阳哥哥：

当生活中遇到压力和困难时，心情不愉悦

时，我们不妨放弃抱怨，换个思维的路径，用个快捷方式重新审视，立刻会柳暗花明。

学会转弯也是人生的智慧

克里斯朵夫·李维是以主演美国大片《超人》而蜚声国际影坛的。然而，1995年5月，正当他在好莱坞红极一时、风光无限之时，一场飞来的横祸改变了他的人生。在一场激烈的马术比赛中，他意外坠落马下，顿时眼前一片黑暗，几乎是转眼之间，这位世人心目中的“超人”和“硬汉”形象化身的他，就从此成了一个永远只能固定在轮椅上的高位截瘫者。

当他从昏迷中苏醒过来，对家人说出的第一句话就是：让我早日解脱吧。出院后，为了让他散散心，平息他肉体和精神的伤痛，家人推着轮椅上的他外出旅行。

有一次，小车正穿行在落基山脉蜿蜒曲折的盘山公路上。克里斯朵夫·李维静静地望着窗外，发现每当车子即将行驶到无路的关头，路边都会出现一块交通指示牌：“前方转弯！”或“注意！急转弯”的警示文字赫然在目。而拐过每一道弯之后，前方照例又是一片柳暗花明、豁然开朗。

山路弯弯，峰回路转，“前方转弯”几个大字一次次地冲击着他的眼球，也渐渐叩醒了他的心扉：原来，不是路已到了尽头，而是该转弯了。他恍然大悟，冲着妻子大喊一声：“我要回去，我还有路要走。”

从此，他以轮椅代步，当起了导演。他首席执导的影片就荣获了金球奖；他还用牙紧咬着笔，开始了艰难的写作。他的第一部书《依然是我》一问世，就进入了畅销书的排行榜，与此同时，他创立了一所瘫痪病人教育资源中心，并当选为全身瘫痪协会理事长。他还四处奔走，举办演讲会，为残障人的福利事业筹募善款，成了一个著名的社会活动家。

美国《时代周刊》以《十年来，他依然是超人》为题报道了克里斯朵夫·李维的事迹。在这篇文章中，他回顾自己的心路历程时说：以前，我一直以为自己只能做一位演员，没想到今生我还能做导演、当作家，并成为一名慈善大使。原来，不幸降临的时候，并不是路已到了尽头，而是在提醒你：你该转弯了。“超人”克里斯朵夫·李维虽然已离开了我们，但他良好的心态，绝不向命运屈服的坚毅和顽强，使人们会永远地记住他的名字。

月亮妹妹：

老师，我们的第一个环节可以定为“听故事，品人生”，那我们现在进入下一个环节“做游戏，悟心灵”好吗？

太阳哥哥：

那我要看看你带着我们做什么样的游戏了，悟怎样的心灵了？

做游戏，悟心灵：数字话人生

月亮妹妹：

老师，我们聊天时您也经常讲到不同的思维方式，可以改变不同的思考结果。

在游戏开始之前，我先拿几个词来给您预热一下，您用另一个角度来解读一下这几个词汇：放弃、漂泊、失业、幼稚、浅薄。如何解读这几个词之后让自己充满希望呢？

太阳哥哥：

放弃不是功亏一篑，不是半途而废是把握当下。

漂泊不是一种不幸，而是一种资格。

失业让你想起尘封的梦想，唤醒未知的潜能。

幼稚说明你还年轻，还充满活力。

浅薄说明你神经依旧非常敏锐。

月亮妹妹：

那下面我们开始数字之旅话人生。老师让我们展开想象以对数字的不同理解来感悟心灵：从一到十是横竖的相互支撑，简单而不偏不倚。

从一到0是横的心性在柔软，简单中包含圆融圆满。

太阳哥哥：

从3到8是三与三执手相望的和合并肩。

从0到8是双0之间的相互执手相挚。

游戏虽然简单，但简单中蕴含着朴素的真理，正确的思维可以成就“人”，错误的思维可以耽误“人”，固有的思维可以束缚“人”，转变的思维可以塑造“人”。我再来讲个故事，我们来看看转变后的正确思维成就的辉煌。

敲击木酒桶

从敲击木酒桶，到胸腔叩诊和听诊器的发明，又是在告诉我们思维模式的正确可以获得意外的收获。三百多年前，一位奥地利医生给一个胸腔有疾的人看病，由于当时还没有发明出听诊器和X光射线透视技术，医生无法发现病在哪里，病人不治而亡，后来经尸体解剖，才知道死者的胸腔已经发炎化脓，而且胸腔内积了不少水。结果这位医生非常自责，决心要研究判断胸腔积水的方法，但久思不得其解。

恰巧，这位医生的父亲是个精明的卖酒商，父亲不仅能识别酒的好坏，而且不用开桶，只要用手指敲敲酒桶，就能估量出桶里面酒的数量。医生在他父亲敲酒桶举动的启发下想到，人的胸腔不是和酒桶有相似之处吗？父亲既然通过敲酒桶发出的声响可以判断桶里有多少酒，那么，如果人的胸腔内积了水，敲起来的声音也一定和正常人不一样。此后，这个医生再给病人检查胸部时，就用手敲敲听听；他通过对许多病人和正常人的胸部的敲击比较，终于能从几个部位的敲击声中，诊断出胸腔是否有病？这种诊断方法就是现在医学上所称的“叩诊法”。

后来，这种叩诊法得到了进一步的发展，1861年的某一天，法国男医生雷克给一位心脏有病的贵妇人看病时，为难了。正在为难之际，他忽然想起了自己在参与孩子游戏活动中的一件事情，孩子们在一根圆木的一头用针乱划，另一头用耳朵贴近圆木能听到搔刮声，而且还很清晰。在此启发下，他请人拿来一张纸，把纸紧紧卷成一个圆筒，一端放在那妇人的心脏部位，另一端贴在自己的耳朵上，果然听到病人的心率声，甚至于比直接用耳朵贴着病人胸部听的效果更好。后来他就根据这一原理，把卷纸改成小圆木，再改成现在的橡皮管，另一头改进为贴在病患者胸部能产生共鸣的小盒，就成了现在的听诊器。

月亮妹妹：

正确的思维推动着人类文明的进步和科技的发达，同时也改变着人们的心态。

历史上被传为佳话的司马光砸缸救落水儿童的故事，实质上也是一个利用改变的思维模式获得成功的事例。小朋友落水，常规的思维模式是“救人离水”，而司马光由于年纪小，不能通过爬进缸中救人的手段解决问题，因而他就转换为另一手段，果断地用石头把缸砸破，“让水离人”，救了小伙伴的性命。

思维的美妙之处在于它的“灵动”，思维的诱人之处也在于它的“鲜活”，思维的智慧之处在于它的“转换”，思维的成就之处在于它的“纯正”。

太阳哥哥：

我再来给你讲一个“四个字”的故事：

有一位精神病学家，执业多年，获得了很大的成功，在精神病学界享有很高的声誉。他数年前将要退休时，发现在帮助自己改变生活方面最有用的老师，是他所谓的“四个小字”。头两个字是“要是”。他说：“我有许多病人，把时间都花在缅怀既往上，后悔当初该做而没有做的事，要是我在那次面试前准备得好一点……”或者“要是我当初进了会计班……”

在懊悔的海洋里打滚是严重的精神消耗。矫正的方法很简单，只要在你的词汇里抹掉“要是”二字，改用“下次”二字即可。应该向自己说：“下次如有机会我应该如何做……”

所以，人最浪费时间的莫过于懊悔。千万不要老是惦念已往的过错，当你又在后悔既往时便对自己说：“下次我不会再做错。”

月亮妹妹：

所以“人”的一生是在不断的变化思维的过程中逐渐成熟和独立的，也正清晰地验证了习主席讲话中体现出来的深刻内涵，“你有能力时，认真做大事；没有能力时，快乐做小事。你有余钱时，尽量做善事；没有余钱时，修身不停止。人活一辈子，自省多深思；取得成绩时，自律更坚持；私心膨胀时，欲望要节制；你有权力时，为民造福祉；没有权力时，善小亦为之。当你能动时，身体力行事；人到休息时，回忆开心事；人这一辈子，都会做错事，改正是好事，避免做傻事；坚决不能做坏事，人生就是这回事，堂堂正正一辈子。”也正如古人经常告诫我们的，人要能屈能伸，能上能下，可以享受荣华富贵，也可以甘于无闻淡泊，可以独领风骚，也可以隐居于世。这就是做人的中正和脊梁的刚正不阿。

正确的思维不是固执己见，而是放下去体验；不是畏难猥琐，而是勇往直前；不是蛮干硬干，而是曲径通幽。

学语言，爱生活：文字品人生

人是在自然与社会中穿梭的精灵，他赋予自然以知性，他赋予社会以空灵。

人这一辈子，是在组织与集体中生活的，所以我们的词汇从“个人”、“家人”到“国人”体现了我们身份的不断变化，身份在不断变化时，烦恼就难免产生，我们如何看淡烦恼，转化烦恼呢，那就需要智慧，让我们一起来看看中国文字的魅力，从中领悟去除烦恼的妙方，感受文化的魅力和给生活带来的美好吧。

月亮妹妹：

通过这样几组词汇的换位解读，让我们更深刻地理解了如大地般包容的胸怀是那么感人、质朴，这种强大的承载力量才可以让我们为文字赞叹，为文明喝彩！

从“家人”到“嘉人”的礼赞我们每个人都生活在一个小家中，有父母、兄弟姐妹、夫妻、儿女，这么复杂的关系总会出现不愉快的事情。当矛盾发生时，亲情淡薄，爱情远离，苦恼由此而生。这时我们可以换个方式来理解“家人”这个词汇，当我们把亲人称之为“家人”的刹那，其实我们更多的是索取，让家人给予自己港湾，给予自己爱与关心、呵护，愿望不能完美的满足时，烦恼就应运而生。当我们把“家人”用“嘉人”的思维方式来理解时，我们是对亲人与朋友给予“嘉奖和赞叹”，不再是索取，而是无私的奉献。角度一变，心自然开朗，亲情更显弥足珍贵。

太阳哥哥：

燕子你今天是要把数字和文字游戏做到底啊，那我也来尝试一下你的思维模式。

从异心到一心的和合生活中每个人都有自己的生活方式，做人的准则。大家都有各自迥异的想法，这就是异心。如果我们始终异心必定产生异见，从而导致人与人之间的意见分歧。

当我们拥有异心的百花齐放之后，更拥有求大同存小异的明朗态度之时，异心归为一心，团结就是最强大的力量。

历来有智慧的人都懂得，什么都有价，智慧无价。我们一起看一个故事，智慧是可以买的，智慧的价值又如何来衡量呢？

买智慧

从前有一个国家，十分富裕，国人安居乐业，国内什么东西也不缺少。一次，国王对大臣说：“你派遣一个会办事的臣子到外国去买些我们国家没有的东西回来。”大臣就派了一个人，拿着许多珍宝，到许多外国市集上观看，市集有许许多多的东西，但都是自己国中已经有的东西。最后，他看到一个贤者，空手坐在市场上，便走上前去问道：“不见你卖什么东西，你为什么空手坐在这里呢？”贤者回答说：“我在这里卖智慧哩！”

来人问道：“你的智慧是什么样子？卖多少钱？”

贤者回答说：“我的智慧值五百两金子，你先把金子称给我，我便告诉你。”

远方来人心里想："我们国中没有卖智慧的人。"于是，便称了五百两金子给那个贤者。贤者便对来人说了二十个字："遇事多思考，不要轻发怒。今日虽不用，会当有用时。"于是，让来人反复流利地背诵熟了，两人各自回去了。

这个臣子买到了智慧之言，就走上了回国之路。半路上经过自己的家门口，已经是半夜了。进门后，因为月光明亮，照见妻子的床前放着两双鞋，便怀疑妻子与外人私通，产生了恶念，想把妻子及奸夫当即杀死。其实是妻子突然得了急病，他的母亲去看望，便同儿媳住在一起了。儿子看见两双鞋，口中不住地反复背诵买来的智慧之言，强压心中的怒火。这时，母亲惊醒了，说："我儿回来了！"

儿子这才明白过来，便走出门外，大声说："便宜啊，便宜啊！"母亲听到后，问道："你买了什么东西？为什么不住地喊便宜啊？"

儿子说："母亲和我妻子，就是几万两金子也是很值得啊，现在只用了这五百两金子就保全了她俩的生命，岂不是很便宜吗？"

这就是无上的智慧财富，善用它，胜过生命的价值；误用它，分文不值。

月亮妹妹：

老师，智慧的人都闪耀着特有的光芒，我们说到这里让我想起今天在网络上看到的一篇文章，是著名文学家、翻译家杨绛先生写的《一百岁感言》，百岁时光，一个世纪的年华，她会经历怎样的人生，她和钱钟书先生用生命、爱情、事业、信仰见证了百年的辉煌、百年的沧桑、百年的平淡、百年的质朴。我今天把这篇文章朗诵给大家，让我们共同经历人生的百年。

杨绛《一百岁感言》

我今年一百岁，已经走到了人生的边缘，我无法确知自己还能走多远，寿命是不由自主的，但我很清楚我快“回家”了。

我得洗净这一百年沾染的污秽回家。我没有“登泰山而小天下”之感，只在自己的小天地里过平静的生活。细想至此，我心静如水，我该平和地迎接每一天，准备回家。

在这物欲横流的人世间，人生一世实在是够苦。你存心做一个与世无争的老实人吧，人家就利用你欺侮你。你稍有才德品貌，人家就嫉妒你排挤你。你大度退让，人家就侵犯你损害你。你要不与人争，就得与世无求，同时还要维持实力准备斗争。你要和别人和平共处，就先得和他们周旋，还得准备随时吃亏。

少年贪玩，青年迷恋爱情，壮年汲汲于成名成家，暮年自安于自欺欺人。

人寿几何，顽铁能炼成的精金，能有多少？但不同程度的锻炼，必有不同程度的成绩；不同程度的纵欲放肆，必积下不同程度的顽劣。

上苍不会让所有幸福集中到某个人身上，得到爱情未必拥有金钱；拥有金钱未必得到快乐；得到快乐未必拥有健康；拥有健康未必一切都会如愿以偿。

保持知足常乐的心态才是淬炼心智，净化心灵的最佳途径。一切快乐的享受都属于精神，这种快乐把忍受变为享受，是精神对于物质的胜利，这便是人生哲学。

一个人经过不同程度的锻炼，就获得不同程度的修养、不同程度的效益。好比香料，捣得愈碎，磨得愈细，香得愈浓烈。我们曾如此渴望命运的波澜，到最后才发现：人生最曼妙的风景，竟是内心的淡定与从容……我们曾如此期盼外界的认可，到最后才知道：世界是自己的，与他人毫无关系。

老人家对百年人生的这份心语，让我们又一次的体悟了堂堂正正一辈子的做人，其实就是于简单中见真知。杨绛和钱钟书夫妇，拥有世间最淡定而久长的爱情，拥有世间最坚定而内敛的信仰，拥有世间最充盈而丰厚的胸襟，他们用“真实”二字续写着“人”的正气。

太阳哥哥：

人容易健忘，自己所学的知识、学问、方法、技巧，当遇到境界来临时，常常不管用。不是被境转，就是落入其中，而未能察觉，所以给大家个小建议，每天经常问问自己一些小问题，提醒一下自己，让心情放松下来，让心态平和下来。

1. 我有服务于人吗？

人生以服务为目的。我是否有日日服务于人呢？

还是希望被人服务、招待、侍奉呢？还是要计较谁做得比较多呢？若是做得比较多，真的是吃亏吗？想想看！“能服务于人，总比被服务好。”因为那是代表我们心态正确，身体健康，才有机会为人服务，所以请常讲：“需要我服务吗？”

2. 我有帮助于人吗？

人类以互助为本质。当别人需要帮助的时候，我是否有适时伸出援手呢？人生总有不如意，不论是身的病苦、心的创伤，总需要有人经济、物质、心灵的帮助及鼓励呀！所以我们要观察世人，主动去帮助于人，且要顾及其尊严，故请常讲：“我可以帮忙吗？”

3. 我有得罪于人吗？

人常无心得罪于人，且不自知。如对人的态度、口气、眼神及利益上的分配等；若察觉自己的人际关系不佳，我们就当警觉到！所以要注意自我的言行，时时“谨言慎行”才是。

4. 我有伤害于人吗？

对人不善，就是伤害。不论道人是非、批判于人、加罪于人、排斥于人、嫉妒于人、贬低于人等言行或恶念，皆是伤害于人！人性光辉是善良的象征，所以我们要赞叹于人、肯定于人、欣赏于人，把别人的成就当成自己的成就一样的心呀！

5. 我有善尽职责吗？

知道自己的定位后，才了解职责所在，所谓：“在其位，谋其政。”每个人扮好自己的角色，充分发挥能力，贡献于国家、社会、团体、公司、家庭等地方，唯有这样，才能善尽职责。

6. 我有生气烦恼吗？

生气是无能的表现，烦恼是无知的表露。人常生起消极的念头，负面的情绪，使自己跌入万丈深渊，走进生命的幽谷，由于妄想、执着之作祟，所以烦恼不断忧虑不减。我们当思维：念念生灭无常，故不要让不实的念头变成内在的情绪。而要时时察觉，抛开一切烦恼。

感悟人生

用信仰驾驭灵魂
用灵魂修正行为
用行为感悟自然
用自然蕴孕新生
以新生许下宏愿
以宏愿诚结善友
以善友共行正道
以正道纵横大小

以大小成就和平

以和平感恩生命

月亮妹妹：

今天的亲近自然之旅最后让我也给朋友们留下一个温馨的小游戏，请大家也一起静下心灵，用平静、友爱的心来理解下面几个词汇，并且给它一个美好的解释。

从“私人”到“思人”，总有很多自我的意识在其中，当我们放下自我，去思人，去为其他人多考虑之时，内心一下便觉得充实而高尚起来。

从“炼人”到“恋人”，生活中我们要求别人的时候较多，达不到自己要求的时候容易产生烦恼，所以古人讲“己所不欲，勿施于人”。我们把对别人的锻炼化作对他人发自内心的爱恋。

从“碍人”到“爱人”，是我们心中自私的种子在萌发，让我们摒弃它，以一颗宽容的心来爱人，为了他人奉献自己的真心，我们将收获一方心的净土。

从“过家”到“国家”，是营造一个温馨

的小家，让自己的家庭生活更加美好，这固然重要，但是当我们的小家幸福之时，更要心怀大家，让我们的国家我们的祖国母亲一样拥有快乐与祥和，这才是我们作为儿女应尽的责任和义务，这更是我们神圣的使命。

正思维在内心涌动，智慧之花在心田盛开，生命的芬芳在不断地播撒，“人”的书写将更加苍劲有力，人生的路上我们和乐一家，尽情潇洒。

第三章

高山的稳健拥抱正业

山之威武，给予的是一份担当，而非高傲；山之稳健，赋予的是一份责任，而非享受；担当责任是人之使命，是正业之基石。

正氣

一誠

月亮妹妹：

古人云："修之于身，其德乃真；修之于家，其德乃馀；修之于乡，其德乃长；修之于邦，其德乃丰；修之于天下，其德乃普。"这其中融入的是做人之根本，成业之关键。人在成长的过程中，志向的确立，实现志向的圆满需要事业去彰显，如何才能做到业之成功，需要"正"气充盈。老师，今天我们聊天可谓高朋满座，共同来分享一下正业的核心力量。

太阳哥哥：

今天我们聚会一起，大家来自不同的行业，却有着共同的心愿，"开心"：开心就是我们将彼此开启心之大门，感悟心之方向，倾听心之声音，解读心之事业，成就心之梦想。

月亮妹妹：

今天难得我们相聚在一起，珍惜当下，感悟人生，虽然是我们今天的任务，但是轻松、自在的氛围是我们共同要拥有的，所以今天的畅谈从发放礼物开始，看看我们和什么样的礼物有缘啊。

我们的开心锦囊中各有一个字，请大家取走属于你的那份缘分吧。

开心四字，开创正业之源泉

人这一辈子要从塑造人开始，塑造人的过程，从心开始。今天我们共同来看看伴随人成长的这四个字是如何来助人之正业得成的。

拿着手中的锦囊，大家带着忐忑，带着期待，轻轻地打开。有的人锦囊虽有，囊中空空，这时锦囊中有宝物的人纷纷欢呼，自己中了大奖。大奖中的四个字分别是：俭、偈、假、仁。

月亮妹妹：

我们今天的温馨之旅从现在开始，请中奖的朋友分别用手中的字和大家分享一下你的人生经历。

其中一位男士第一个开始了他的“俭”字对话。

我在很小的时候父亲就经常给我讲诸葛亮的一句话：“静以修身，俭以养德。”我从小是看着父母节俭过生活长大的，其实内心对父母的做法还耿耿于怀。

不理解和不满的情绪很多。小小心灵暗暗地给大人们下了个定论——“抠门”。可是一次事情却改变了这种想法。有一天村子里的一个人病了跑了很多家借钱都失望地回来了，他们最后的希望就在我家，当我看到父亲拿出省吃俭用的钱全部给他时，眼神里没有丝毫的不舍，而且还在不断地说：“救命要紧，救命要紧。”母亲在旁边也不住地点着头表示赞同。

在那一次，“抠门”这个词在父母的身上一下子飞跑了，反而倒是我内心对那被拿走的钱还有一丝丝的不舍。很多年后我走出家乡，无论做什么样的工作，包括后来自己办企业，父母的总是吃得很干净没有一粒饭粒的碗，父母捡起的每一个空瓶子，父母的旧了但很整洁的衣服，父母那长满老茧的手，还有父母眼神中的那份淡泊与知足都深深地影响着我。

这正如古人所讲的：“侈而惰者贫，力而俭者富。”我的父母从来都是富有者。

太阳哥哥：

“俭”中蕴含无限宝，也正如《朱子治家格言》中所写到的：“一粥一饭，当思来之不易；半丝半缕，恒念物力维艰。”唐代著名诗人李商隐也曾经写过“历览前朝国与家，成由勤俭败由奢”。这样的诗句，充分证实了节俭于国于家的重大意义。商纣王肉林酒池，为博宠妃妲己一笑，不惜撕破千绢万帛，则殷灭；隋炀帝为观琼花修大运河到江都，耗尽民力造行宫，惹出三十六路烟尘七十二家反王；清西太后一顿饭上千两银子，且“量中华之物力，结与国之欢心”，民焉能不反，清王朝焉能不亡？“国以俭得之，以奢失之”，节俭不仅于国于家大有裨益，而且与个人得失也休戚相关。

月亮妹妹：

节约好比燕衔泥，浪费好比河决堤。我也讲一个节俭的故事吧。

季文子出身于三世为相的家庭，是春秋时期鲁国的贵族、著名的外交家，为官三十多年。

他一生俭朴，以节俭为立身的根本，并且要求家人也过俭朴的生活。他穿衣只求朴素整洁，除了朝服以外没有几件像样的衣服，每次外出，所乘坐的车马也极其简单。

见他如此节俭，有个叫仲孙它的人就劝季文子说："你身为上卿，德高望重，但听说你在家里不准妻妾穿丝绸衣服，也不用粮食喂马。你自己也不注重容貌服饰，这样不是显得太寒酸，让别国的人笑话您吗？这样做也有损于我们国家的体面，人家会说鲁国的上卿过的是一种什么样的日子啊。您为什么不改变一下这种生活方式呢？这于己于国都有好处，何乐而不为呢？"

季文子听后淡然一笑，对那人严肃地说："我也希望把家里布置得豪华典雅，但是看看我们国家的百姓，还有许多人吃着粗糙得难以下咽的食物，穿着破旧不堪的衣服，还有人正在受冻挨饿；想到这些，我怎能忍心去为自己添置家产呢？如果平民百姓都粗茶敝衣，而我则妆扮妻妾，精养粮马，这哪里还有为官的良心！况且，我听说一个国家的国强与光荣，只能通过臣民的高洁品行表现出来，并不是以他们拥有美艳的妻妾和良骥骏马来评定的。既如此，我又怎能接受你的建议呢？这一番话，说得仲孙它满脸羞愧之色，同时也使得他内心对季文子更加敬重。

此后，他也效仿季文子，十分注重生活的简朴，妻妾只穿用普通布做成的衣服，家里的马匹也只是用谷糠、杂草来喂养。

今天的中华民族在巍然屹立之时，泱泱大国，更应保有节俭之美德。俭，德之共也；侈，恶之大也。

俭之歌

俭字由心起，
德从品中生；
人生勤俭行，
华夏美名承；
爱我中国梦，
和乐享大同。

太阳哥哥：

下面登场的将是什么字呢？

一位满头银发的老妈妈含笑拿出一个“慁”字。看到这个字，大家议论纷纷，有的人在问，这字念什么，有的人则说偈语的 ji(四声)，还有的人说念“jie(一声)”。这位老妈妈慈爱地笑笑说：这个字我还真认识，既念 ji(四声)，又念 jie(二声)，我明白了锦囊中为什么要选择这个字来表达正业，偈字代表的是一种勇猛的上进的精神，没有这种精神做任何事情都无法成功。

我今年整整六十岁，人生的一个甲子，但是我依然觉得自己很年轻，我还有很多有意义的事情要做。为什么我会这么有勇气来和大家说这些话呢？我先来给大家讲一个故事，是这位百岁老人给了我人生的勇气和力量，让我觉得自己依然非常年轻，还有很多知识需要学习。

周有光先生原是上海复旦大学的经济学教授，精通中、英、法、日四国语言，早年在经济学界非常有名气，在他五十岁时中央希望他参与文字改革的工作，他二话没说，开始了语言文字的研究工作，这次转行需要多么大的勇气呀，在他和同事的努力下中国有了汉语拼音，周先生也称为了当之无愧的“汉语拼音之父”。

而当周老八十岁的时候，他和夫人一起开始学习电脑，可以轻松地打字、上网、收发电子邮件。他每天笔耕不辍，九十三岁，出版《比较文字学初探》；一百岁，《百岁新稿》问世。周老先生的勇气和一往无前的进取精神让我深深地感动。

看看周先生，我们没有理由不努力奋进，热爱自己的事业、热爱美好的生活，珍惜当下拥有的一切。

偈之语

与人长相伴，
勇猛在心间；
风云常激荡，
磐石志向前；
慈悲喜舍在，
奋进畅和年。

白发苍苍的老妈妈话音未落，一位年轻人立刻双手举起“假”字，说：“我太幸运了，我知道这个字对我太重要了，没有这个字，就没有我的今天。”我也希望自己可以成为这个字的付出者。

记得我上高中时曾看过一个这样的故事。

汉高祖刘邦共有八个皇子，生母不一，为了争夺太子之位，展开了子与子、母与母之间的明争暗斗。刘邦有位爱姬戚夫人，她想要刘邦废除太子，改立自己的儿子如意为太子。可吕后想保住自己的儿子刘盈的太子地位，于是她找张良帮忙。张良献上一计：“皇上一直想招聘四个隐居的贤人出山，但他们始终不肯，若将他们迎为宾客，太子常请此四人赴宴，必会被皇上看见而问其原因。”果然不出张良所料，高祖以为刘盈为人恭敬仁孝，天下名人慕名而来，终于打消了废掉太子的念头。

刘盈的成功完全是因为借助了四大贤人的盛名，借助他们的名望保住了太子的地位。一个人的力量毕竟是有限的，要想在事业上获得成功，除了靠自己的努力奋斗之外，有时需要借助他人的力量，只有“好风凭借力”，才能“送我上青云”。

事业上的成功在于选择一个适合你的职业，并且依赖更多人的力量才得以实现，我自己十年的创业足迹中凝聚了太多人的支持与帮助。

太阳哥哥：

说的是呀，荀子在《劝学》中讲得非常经典，“登高而招，臂非加长也，而见者远；顺风而呼，声非加疾也，而闻者彰。假舆马者，非利足也，而致千里；假舟楫者，非能水也，而绝江河。君子生非异也，善假于物也。”同样是拥有翅膀，鹰用它飞翔，捕追猎物；企鹅用它做鳍，畅游于海洋；而鸵鸟却从未将它派上用场。上天赐予我们相同的东西，有的人善于将它好好地应用，于是它便成为助力；有的人将它视为负担，于是它便成为阻力。

历史上也如此，知人善任如曹操，一意孤行如袁绍。当许攸向袁绍献计破曹时，他不听劝谏。深感“竖子不足与谋”许攸转而投曹。“青青子衿，悠悠我心。”曹操爱财如命，见许攸来投，赤足而迎：并听从许攸计策，打下了官渡之战这以少胜多的战役。一样的人才，只因性格上的弱点，袁绍为自己这场本应该大胜的战役埋下了失败的伏笔；而曹操的善于用人为自己的胜利奠定了良好的基础。不善用身边的资源是导致失败的一大根源。

而我们都知道的，牛顿在上学的时候成绩也只是一般，并无任何过人之处。但后来却发现了“三大定律”，成为物理学史上一颗永远灿烂的明星。那便是由于他善于总结前人的理论。

任何学习都不可能从头开始，总要继承前人的知识，才可能在有限的生命中探索和开拓未知的领域。“站在巨人的肩膀上”是牛顿成功的秘诀。他的善于运用已知的知识去学习和探索新知，奠定了他在物理学界无可动摇的奠基人的位置。

月亮妹妹：

是啊，人生来并没有什么不同的。当你看到了别人的成就，而自己却庸庸碌碌的时候，不要哀叹，并不是你天生不如人，也不是命运不公平。静下心来想想，你是否与他们一样善假于物呢？若是能够做到，相信有一天，都会拥有一片属于自己的天空。

没有礁石，大海便没有了激昂澎湃的浪花；没有沙粒，河蚌便没有了光亮美丽的珍珠；没有绿叶，红花便没有了婀娜多姿的娇艳。万物之美丽，都要借助于他物的支持或衬托；万物之精华，无不是自己与他物精美绝伦的结合。因此，借人精华，以铸辉煌。这是智者的抉择。学会借鉴，借人之精华，融己之智慧与美丽，以铸造人生的成功与辉煌。

千古江山，百代风流，大江淘尽后浮在水面上的容颜，依旧生动，依旧璨若群星。坐在车上踽踽而行的是孔老夫子，他高唱着“三人行，必有我师焉”，马鞭一指便向世人道出了行路者的智慧所在；韩愈不与世同流合污，一篇《师说》便让学习借鉴的美德流传千古；一道紫光摔开万道光芒，江面上露出的是大唐“贞观之治”的盛世局面。唐太宗在高吟着：“以铜为镜可以正衣冠；以人为镜可以明得失；以史为鉴可以见兴替。”

正是这学习接纳，勇于借鉴的精神才得以让大唐闻名中外古今，正当世人用赞誉和敬仰的光环将他们环绕时，依然光亮的是古人们善于借鉴和学习的品质，在熠熠闪光。

假之声

时光虽流逝，
奉献永不止；
甘为众人梯，
成功自假始；
你我他同行，
太平国可知。

最后一个神秘的字要揭开面纱了，“仁”字在一个二十多岁的小姑娘手中闪闪放光，大家看到这个字的时候，期待了很久的心不禁舒畅了很多，纷纷鼓起掌来，大家赞叹这“仁”字顺其自然的出现，而且是众望所归。

只见这个女孩子，拿起这个“仁”字，面向大家深深地鞠了一躬，缓缓地说道：“儒家讲仁爱，佛家讲慈悲，道家讲道德，这都是在告诉我们正业的成功与否在于品格和操守，拥有一个仁爱慈悲的道德之心，感天动地之时，又可以温暖塑造美好的心灵。

那我也给大家分享一个拥有“仁爱”之心的智者行为吧。

有位妇人走出屋外，看见前院坐着三位老者，她并不认识他们。

妇人说：“我想我并不认识你们，不过你们一定饿了，请进来吃点东西吧。”

“家里的男主人在家吗？”老者们问。“不在，”妇人说：“他出去了。”

“那我们不能进去。”老者们回答说。

傍晚，当她的丈夫回家后，妇人告诉丈夫事情的经过。

“去告诉他们我在家里了，并邀请他们进来！”

妇人走出去邀请三位老者进屋内。

“我们不可以一起进去一个房屋内。”老者们回答说。

“为什么呢？”妇人想要了解。

其中一位老者解释说：“他的名字叫财富。”指着他的一位朋友说。

然后指着另外一位说：“他是成功，而我是爱。”

接着又补充说：“你现在进去跟你丈夫讨论看看，要我们其中的哪一位到你们家里。”妇人进屋告诉她丈夫刚刚谈话的内容。她丈夫非常高兴地说："原来是这么一回事啊！让我们邀请财富进来！"

妇人并不同意，说道："亲爱的，我们何不邀请成功进来呢？！"

他们的儿媳妇在屋内的另一个角落聆听他们的谈话，并插进自己的建议："我们邀请爱进来不是更好吗？"

丈夫对其太太讲："就让我们照着儿媳妇的意见吧！快去请爱来作客。"

妇人到屋外问："请问哪位是爱？"爱起身朝屋子走去。另外二者也跟着他一起走。

妇人惊讶地问财富和成功："我只邀请爱，怎么连你们也一道来了呢？"

老者齐声回答："如果你邀请的是财富或成功，任意一个，另外二人都不会跟随，而你邀请爱的话，那么无论爱走到哪，我们都会跟随，哪儿有爱，哪儿就有财富和成功。"

这个故事让我领悟了很多，也正契合了今天我们的话题，正如孟子所说："仁者爱人，有礼者敬人。爱人者，人恒爱之；敬人者，人恒敬之。"所以，仁者无敌。

仁之颂

千秋万代传，
仁字印心间；

胸怀载史册，
厚德方为贤；
古今皆称颂，
中华志为先。

月亮妹妹：

俭、偈、假、仁，与人相伴，正如习主席智慧人生话语中所启迪我们的，生活要节俭，做事有决心，善于借外物，做人讲诚信。这是传统的美德，更是中华的魂魄。

动心四势，稳固正业之基石

太阳哥哥：

畅所欲言之后，让我们来进行各关于手的姿势的探讨，看看什么样的姿势更符合体现正能量的要求。

言语的力量可以感动人，手势的力量可以激励人；言语的魅力可以感化人，手势的魅力可以激发人。让我们变换不同的手势尝试一下，它可以给我们带来什么样的能量，可以给我们改变成什么样的心态，可以奉献什么样的情怀。

让我们一起来领悟、感受吧！

月亮妹妹：

握紧拳头，充满力量，厚积薄发

让我们共同握紧拳头给你身边的人以力量和勇气。让我们共同迎接人生的每一次挑战，每一份责任，每一份使命。让充满信心的能量传递给身边的每一个人，让我们的事业更坚固，让我们的信仰更持久，让我们的目标更坚定。

太阳哥哥：

手心向下，倾情付出，无怨无悔

当我们自私之时，就用无私的奉献来成就；当我们欲获得时，就用无私的奉献来给予；当我们欲占有时，就用无私的奉献来全部拥有，这时我们拥有的是爱的温暖、生命的力量，以及最广阔的浩渺空间。

月亮妹妹：

掌心相握，两心相连，真情自在

没有比这更贴心的问候与感知，没有比这

更相互的信任与依赖，没有比这更真诚的渴望与期盼，这是情的融合，这是真的体现，这是彼此心灵的承诺与誓言。

太阳哥哥：

双手合十，虔诚真挚，神圣庄严

心与心的契合，爱与爱的融合，摒弃自我，一切皆应恭敬与尊重，这是虚怀若谷的谦逊，这是眉目低垂的谦和，这是捍卫尊严的赤诚，这是心怀天下的坦荡。

路在脚下，更在心中，心随路转，心路常宽。脚下有路是一种践行，心中有路则是人生的方向。人生，方向比努力更重要。脚下有路，心中无路，是一种迷茫；心中有路，脚下无路，是一种空想。心随路转，即使到了“山重水复疑无路”的绝望境地，也能走到“柳暗花明又一村”的希望之地。

让我们践行之，随喜之，赞叹之，一往无前。

观心四境，成就正业之命脉

“观心”四境：囚（心小境窄）、因（心清智明）、合（一心一意）、众（团结的力量）。

罗曼·罗兰曾经讲过：没有伟大的品格，就没有伟大的人，甚至也没有伟大的艺术家、伟大的行动者。伟大的品格来自心境，观照自心，境象纷呈。如何让心境始终充满智慧，放射光彩是书写“人生”之关键。

下面我们来做一个心灵境界的游戏：请大家一起来感悟“人”在境中游的不同感受，答案获得之时就是我们报答心灵之际。

月亮妹妹：

请大家闭上双眼，用心聆听，跟随我一起感悟，感悟您心的感受；叩问心灵，看看您此刻获得的是您所需要的吗？

请大家静下心来，忘记一切烦恼、挫折、欢喜、委屈，在心中来观想我是一个人，心中非常平静，但是我们现在唯一的条件是让你永远呆在一个房间里，不可以走出去，大家想一想这将是什么样的感受。请大家静静地想一下，不要急于给出答案，但要记住心中的答案。

太阳哥哥：

下面也请大家和我一起观想一下，当我们伸展开双臂时，我们可以头顶青天，脚踏大地，我们最想做的事情是什么？

月亮妹妹：

请大家继续来跟随我进行心灵之旅，当你的耳畔想起纷杂的声音时，你是渴望它停下来，还是想听清楚每一种声音？当你听到很多人发出非常一致的声音时，你想到的第一个词是什么？

太阳哥哥：

人生漫漫，人生又是转瞬即逝，在人生的路上你是渴望一个人孤独前行，还是期望与人结伴同行。与人结伴同行你渴望以什么方式和大家一起走呢？

月亮妹妹：

下面请大家睁开眼睛，看我手里拿着的四张卡片上的四个字，然后再和您刚才观想时的答案对照一下，看看同样拥有人的四个字，分别带给我们什么样的心境。

“囚”：当一个人心胸狭小之时，就被心困于其中，心灵的囚徒将忍受心灵的煎熬，请大家释放心灵，还心一个自由而广阔的空间吧！

“因”：大人胸怀立于天地之间，心根植于万物本源之上，种瓜得瓜，种豆得豆；种善得快乐之果报，种恶得痛苦之果报；一起顺其自然，了了分明，清清爽爽。

“合”：人在上，人人皆为一口，人人一口即为异口，目标一致异口同声，这是一种和合的境界，与人为善自得心安。众口一词之时必是和合大同之时。社会需要和合，国家需要和谐。

“众”：三人行必有我师，众字是什么力量也抵挡不住的众志成城。是大家相互支撑的共同前行，是一心一意的相互携手共筑。众字之中融入的是一份担当、一份包容、一份使命与一份共同的梦想。

太阳哥哥：

这四种境界四种心态，在我们每个人的内心都曾经经历过，无论我们选择什么样的工作作为我们为之奋斗的事业，我们都要从中不断地感悟，我们是否走“正”了路。同时，我们要不断地释放正能量给需要的人以帮助，给更多的人以美好的期望，这也是我们人生的使命。

我来给大家讲一个有意思的故事吧，让我们每个人在事业的路上都把自己的正能量释放出来奉献给大家！

成功并不像你想象的那么难

人生当中，并不是因为事情难我们不敢做，而是因为我们不敢做事情才难的。

1965年，一位韩国学生到剑桥大学主修心理学。

在喝下午茶的时候，他常到学校的咖啡厅或茶座听一些成功人士聊天。这些成功人士包括诺贝尔奖获得者、某些领域的学术权威和一些创造了经济神话的人。他们都幽默风趣，举重若轻，把自己的成功都看得非常自然和顺理成章。时间长了，这个学生发现，在国内时，他被一些成功人士欺骗了。那些人为了让正在创业的人知难而退，普遍把自己的创业艰辛夸大了，也就是说，他们在用自己的成功经历吓唬那些还没有取得成功的人。

作为心理系的学生，他认为很有必要对韩国成功人士的心态加以研究。1970年，他把《成功并不像你想象的那么难》作为毕业论文，提交给现代经济心理学的创始人威尔·布雷登教授。布雷登教授读后，大为惊喜，他认为这是个新发现，这种现象虽然在东方甚至在世界各地普遍存在，但此前还没有一个人大胆地提出来并加以研究。惊喜之余，他写信给他的剑桥校友——朴正熙(当时韩国总统)。他在信中说:“我不敢说这部著作对你有多大的帮助，但我敢肯定它比你的任何一个政令都能产生震动。”

后来，这本书果然伴随着韩国的经济起飞了。这本书鼓舞了许多人，因为他们从一个新的角度告诉人们，成功与“劳其筋骨，饿其体肤”、“三更灯火五更鸡”、“头悬梁，锥刺股”没有必然的联系。只要你对某项事业感兴趣，长久地坚持下去就会成功，因为人生赋予你的时间和智慧够你圆满做完一件事情。后来，这位青年也获得了成功，他成为韩国泛业汽车公司的总裁。

月亮妹妹：

每个人在人生路上都应有如高山般稳健的品格，不仅给予自己信心，同时也传递给他人力量，更重要的是用自己宽广的胸怀播撒一份事业的忠诚与爱，因为财富的定义如此博大，不仅指对金钱物质的拥有，更多的是一种内心与精神富足的拥有。这也正如习主席在寄语中所讲到的：“你有余钱时，就做点善事；你有权力时，就做点好事；当你能动时，就多做点事。”这些朴实的话语中，保留着对每一个人的深沉的爱，没有过多的要求，只求在我们能力所及之处心怀一颗爱人之心，这才是真正的做人的标准，是正业的根基。

社会需要正能量，人心需要能量之光，爱的光芒可以照耀古今，可以照亮心海，可以彰显民族不朽的情怀。

一百二十个馒头的故事

有这样一个馒头店的老板，每天蒸一百二十个馒头，一百个用来出售，二十个用来接济贫苦的老人和孩子。在生意好的时候，馒头刚一出锅便被顾客一抢而光，于是有人便劝他卖掉那些留下的馒头，可是无论顾客如何要求，馒头店的老板就是不肯将那二十个馒头卖掉，而当他用夹子把热乎乎的大馒头送给贫苦的老人和孩子的时候，黝黑的脸上绽放出明亮的光彩，那种幸福的感觉是其他人所体会不到的。

“授人玫瑰，手留余香。”其实付出也是一种幸福，当馒头店的老板把馒头送给贫苦的老人和孩子的时候，他看到自己的付出给别人带来了快乐，自己便也跟着“幸福”起来。现实生活中也是如此，收获是一种幸福，付出又何尝不是一种幸福呢？付出时间能够收获希望，付出劳动能够收获果实，付出真心能够收获真情，付出爱心就能够收获整个世界。

爱默生说过：“人生最美丽的补偿之一，就是人们真诚地帮助别人之后，同时也帮助了自己。”真诚地伸出你的手去援助别人，不仅不会使你受到怎样的“损失”，还能使你在帮助别人的过程中得到幸福的感觉。四川汶川地震后，在大街上经常能看到：大学生在募捐，烈日下他们没有用任何防晒工具，更没有一个人坐在那里不动，而都在忙这忙那，有的向行人散发传单，有的在记录捐款、整理账目，有一位矮个子女生微笑着不停地向捐助箱里投钱的捐助者说着“谢谢”，她的嘴唇干了，头上也隐隐地渗出汗水，可是她的脸上却洋溢着幸福，他们那种积极的行为感动了每一位路人。

其实，付出的幸福感觉是我们随时随地都很容易得到却又最容易忽略掉的事情，在我们埋怨生活压力大，到处充满功利，找不到幸福感觉的时候，其实也许是你没有时间去察觉，去体会生活中的幸福啊。当你在公交车上给老人让座时，别人会很开心，你也会很快乐；当你给乞讨者施舍的时候，也许你的真心付出换来的是他生存的希望，那一刻你会感觉到很幸福；当你周末把家里收拾一番，然后再为家人做一道刚学来的大菜，一家人快快乐乐地品尝你手艺的时候，那种天伦之乐，不正是你的付出所获得的幸福吗？

学会付出，便会拥有幸福。当你敞开心胸，乐于付出的时候，快乐、喜悦和收获，便会进入你的心中，这时候，你便会体会到真正的幸福！

这些真诚的付出与奉献就像高山一样屹立不倒，它植根于心田的沃土，它播撒在血脉的深处，它明确了事业的航标，它书写了人生的正气。

月亮妹妹：

事业的航船从起航开始，行进的脚步又从什么开始呢？让我们跟随下面这个故事一起看看吧。

有一种脚步声叫大善

在他住的房子不远处有一个破旧的庙宇，里面住的全是平日以乞讨、卖艺为生的瞎子，一共近40名。但当时新中国成立不久，人们的生活都不富裕，连正常人养家糊口都很不易，也就难得有能力去接济瞎子们，因此瞎子们的生活非常艰难。

每次一经过瞎子庙，他的心便感到隐隐作痛，想要尽自己所能，帮帮这些可怜的人。但他也深知授人以鱼不如授人以渔的道理，简单的几次接济根本解决不了瞎子们的根本生存问题，必须得给他们一份足以谋生的活计。

于是，他不顾别人的反对，暂时放下手头上的工作，花了近两年的时间，开始每天往返于家中与瞎子庙之间，把瞎子们都组织了起来，并自掏腰包，买了多件乐器，将其中那些会拉唱弹奏的，组成了一个乐团，进行集中培训，给予合奏配合上的种种指导。忙了一天，晚上回到家里，他还要熬夜为乐团写歌，编排适合他们表演的曲目。

等这一切完成后，他又忙着联系演出单位和场所，并说服对方给予一定的演出报酬；而对于那些没有任何才艺和特长的瞎子，他则通过各种关系，不惜放低身段到处求人，最终靠着自己的“面子”和关系，把他们一个个安排进周边的橡胶厂、皮革厂、印刷厂和服装厂里。为此，他都跑烂了好几双布鞋。

好在他的努力和奔走有了成效，瞎子庙里几乎每个瞎子都有了一份足以养活自己的工作。因为有了稳定收入，很多瞎子的生活状况有了巨变，都先后搬出了原先那破旧的庙宇，住进街上条件更好的房子里。

这之后，每天，当他很晚下班从街上路过时，住在街上的瞎子们都会不约而同地放下手中的活，然后站到各自的大门口前，只为跟他打招呼，问声好，如同迎接自己的亲人归来一般，从未错过一次。瞎子们都说，那是因为他们能听出他的脚步声。

他便是老舍，原名舒庆春，杰出的人民艺术家，瞎子们听出的那一声声脚步名叫“大善”。

人生仿佛两条船，一为名来，一为利往。然而，计利当计天下利，求名当求万世名。

真正的利益最大化，是人类整体的共同利益最大化，而不是只图“我”的利益。最本质的利，是孔子重视的仁和礼，是先难而后获，因为这就是人类共同的利。

感悟人生

用信仰驾驭灵魂，
用灵魂修正行为，
用行为感悟自然，
用自然孕育新生，
以新生许下宏愿，
以宏愿诚结善友，
以善友共行正道，
以正道纵横大小，
以大小成就和平，
以和平感恩生命。

第四章

流水的包容问候正精进

如果期盼辉煌伟大的一生，那么就请从今天起，以毫不动摇的决心和坚定不移的信念，凭自己的智慧和毅力，去创造自己和人类的幸福与快乐。

问天

心底无私天地宽
堂堂正正记心间
规规矩矩把事做
人间处处艳阳天

至平詩　春田书

水纳百川汇成海，人容世事显情怀

太阳哥哥：

人生的信仰在于志向的确立，志向的成功在于勇猛而持久的坚持力。它如流水一样的川流不息，如时光一样绵延不绝。今天我们请来一位法师——五台山罗寺洛桑多吉住持与我们一起共同解读志向坚定中蕴含的精进与韧性。

月亮妹妹：

那我想请问法师一个很实际的问题：修行人的坚持力和我们的坚持力有哪些区别？

洛桑法师：

从根本意义上讲，每个人为了理想而努力时所付出的心血都是一致的，都是为着一个目标不懈地追求和探索。不同的是出家修行人的目标更加专一而确定，当他立下一个为了帮助更多人获得幸福与智慧的愿望时，他会用毕生的精力去实践和完成它，所以佛法中把这种勇猛的坚持力称为精进的求索精神。这一种勇于承担的责任，同时勇气迸发之时又能够直面困境，依然积极乐观地想方设法征服难关。这种精神无论是从修行上还是在生活中都是一样的，修行和生活无法分割，是始终融合为一体的。

生活就像海洋，只有意志坚强的人才能达到生命的彼岸。可以这样说，精进的精神和毅力是一个人奋斗的筋骨和脊髓，他可以使人充满蓬勃的朝气与无限的创造力。所有为了志向奋斗的人内心都充满了浩然正气和必胜的信念。而修行者同时还要有一颗稳定而调柔的内心，让我们的愿望持之以恒地完成下去。

正如大家都熟知的虚云老和尚，当年朝拜五台山时发下三大誓愿：消除自己未尽孝道的业障，超度父母早日往生净土，自己早证菩提。

正因为他有这三大誓愿，才发心朝拜五台山。虚云法师从观音菩萨的道场普陀山法华庵起香，一路三步一拜地行进，当走了一二百里路时，随行人有的就感觉到腰酸腿痛，脚上打了水泡，吃不消了，就渐渐退出了这一行香跪拜行列。在这种情形下，孝心、信心、精进心强烈地鼓舞着虚云法师下定决心，不怕困难，不到五台山誓不罢休。他这份坚定的信心成就了朝圣的圆满，更成就了他内心的庄严。

太阳哥哥：

古今中外凡有志向之人，都有着水一样的人生，水一样的情怀，法师向我们展示了人生之中如水一样有韧性的调柔与刚强，这份外柔内刚是中华民族文明之精髓，也是世代传扬之美德。

“水”融入我们的身体里，包围在我们的生活中，陪伴在前行者的身旁，也依偎在胆怯者的身畔。

因为水永远把自己放在最低的位置，不张扬自己的伟大，甘于平凡；不炫耀自己的气势，却包容任何细流的注入，汇成滔滔的江水，凝聚成浩瀚的海洋。水的品格在于“包容，不拒绝；谦逊，不张扬；坦荡，不畏惧；乐观，不颓唐”。而下面的小故事更是为我们展示了一个孩子心中不懈地坚持力和勇气，这份精进值得任何一个大人钦佩与赞叹。

有这么一个故事。在暴风雨后的一个早晨，一个男人来到海边散步。他一边沿着海边行走，一边注意到，在沙滩的浅水洼里，有许多被昨夜的暴风雨卷上岸来的小鱼。它们被困在浅水洼里，回不了大海，虽然近在咫尺。用不了多久，浅水洼里的水就会被沙粒吸干，被太阳蒸干，这些小鱼都会被干死的。

男人继续朝前走着。他忽然看见前面有一个小男孩，走得很慢，而且不停地在每一个水洼旁弯下腰去——他捡起水洼里的小鱼，并且用力把它们扔回大海。终于这个男人忍不住走过去：“孩子，这水洼里有几百几千条小鱼，你救不过来的。”

“我知道。”小男孩头也不抬头地回答。

“哦？那你为什么还在扔？谁在乎呢？”

“这条小鱼在乎！”男孩儿一边回答，一边拾起一条小鱼扔进大海。“这条在乎，这条也在乎！还有这一条、这一条、这一条……”

月亮妹妹:

从这个孩子的“这条在乎”的话语中，我们看到的是一种不放弃的精神和踏实肯干的不懈坚持，这如水般的韧性虽然不能救起全部的生命，但是每救起一条就是一个圆满，每救起一条就是一份坚持，成功在每一个当下。正如梭罗所说：“执着追求并从中得到最大快乐的人，才是成功者。”事业常成于坚忍，毁于急躁。滴水穿石，绳锯木断。精诚所至，金石为开。只要有了矢志不渝、百折不回、一往无前的精神，世界上就没有做不成的事情，这也是智者和愚人、成功与失败的最大区别。

人生如水，包容可贵；人生如水，持久为最；人生如水，理想之梦寐。

月亮妹妹:

法师、老师，借着这样一个美好的机会，让我们共同为大家送上一段温馨的祝福，愿每一位在奋斗中的人们都可以如水般柔韧，如水般持久，如水般包容，如水般大爱。

如水般的祝福

社会的进步，科技的发达，我们在行进的路上步子迈得越大，心中的恐慌和无奈越多，人与人之间的对白用一个“忙”字足以表明心态，什么是“忙”，心死则忙，让我们放下吧，像水一样静静地流淌；不好高，但一直奔向远方；不骛远，却永不停息地徜徉。让我们用“心”来“觉”知我们的生活，生命的目的不在于迎接结果的到来，而是享受过程的美好，让我们共同叩问心灵，启问它是否需要休息？放“心灵”一个假期，还“心灵”一次斋戒，给生命一次与心灵对话的机会，给我们自己一次对视自己的机会吧！

宝剑锋从磨砺出，梅花香自苦寒来

月亮妹妹：

记得一位哲人说过这样一句话“成大事不在于力量的大小，而在于能坚持多久”。坚持的时间长短可以折射出一个人对未来的信心以及把握能力，有志者不管环境怎样糟糕，甚至不尽如人意都不会抱怨，默默的坚持与执着的付出就会迎来人生的彩虹。

“把有限的生命投入到无限的为人民服务中去！”这句话曾经激励了无数共产党人。九十五岁的老人刘华馨，年龄比中国共产党建党时间还大，1949年她向党提出了申请，在历经六十三年的坎坷磨难之后，她终于加入了这个伟大的组织。这期间因为“海外关系”等问题，她受尽委屈、磨难，甚至曾面临生命的危险。这一切都没有让她放弃对自己信仰的追求。最后终于如愿以偿，她宣誓入党的那一天，她的孩子们说她年轻了几十岁，她说：“有信仰的人，永远年轻！”幸福的笑容使她完全不像古稀老人。坚持就是胜利！这句充满力量的话，让所有人间至难，都在信仰的坚持前彻底败下阵来。坚持的力量，看似渺小，但却能随着时间的积累爆发出惊人的力量。

太阳哥哥：

孟子说：“虽有天下易生之物也，一日暴之，十日寒之，未有能生者也。”学习或工作一时勤奋，一时又懒散，没有恒心。三天打鱼，两天晒网，怎会成就事业？我国绘画大师齐白石即使耄耋年龄也坚持每日作画，用他的话说就是“不教一日闲过”；鲁迅卧床八个月，在生命的最后日子里还写文章五十四篇。这些贵在坚持的事例无不提醒着我们，唯有坚持才能铸就人生的辉煌，绘出绚丽的人生佳画。

洛桑法师：

人生中觉知事业的进展很重要，在需要时给予特别的关注，正精进也揭示出你应当怎样和环境互动，保持一定距离，不要被或善或恶的外境所转。正精进应从两方面来说：①为了维持法身慧命，当精进修行涅之道业。②为了维持色身生命及家庭安乐、社会繁荣发展，对于每一个人的一切学业及生活技能，以及社会人类的一切正当事业，万业千行，要求精进，不可懈怠。

月亮妹妹：

法师说得对，精进的过程是一个要不断检查自我进展的过程，同时也需要有一颗恒定的不为外境所转的心。

记得有这样一个推销大师，他举办了一个关于推销的专题讲座，当时的场面相当热闹，一个小礼堂里面全是黑压压的人，可过了很长时间也不见那个大师出来。人们开始议论了，就在这时他出来了，和他一块出来的还有一个很大的铁球、锤子。人们的议论更多了，说这开讲座和铁球锤子有什么关系，这时他说话了，让两个很强壮的人上来，大家听从他的安排上去了两个，他让那两个人拿大铁锤敲那个球，他俩都敲了，可大铁球却无动于衷，还是静待着，大师让他们下去了，他从口袋里拿出了一个很小的锤子，一直在那敲着，大家又开始议论了，他怎么回事，那么大的锤子都敲不动，小锤子有什么用，大师不管他们继续敲。五分钟，议论声更多了！十分钟，有几个人走了！十五分钟，又走了好多人！大师不管他们，继续敲……半小时了，会场里的人已寥寥无几，又过了五分钟、十分钟、十五分钟……就这样，大师一直敲着。人们的心跳随着铁球与锤子的碰撞声，咚咚地跳着。突然，礼堂里有一个坐在前排的妇女大叫起来说，铁球动起来了，大家仔细一看，还真是，铁球果然动起来了，大家惊呼着。只见，大叫的那位妇女陷入了沉思……

通过这个故事，让我们懂得了一个道理：重复就是力量，坚持就是力量，持之以恒的精进可以产生无穷的力量，这力量足以载着我们走向成功。

月亮妹妹：

记得法国前总统戴高乐也曾说过：“唯有伟大的人才能成就伟大的事，他们之所以伟大，是因为决心要做出伟大的事”。这份决心就是一往无前的精进，是毫不怀疑的恒心，是百折不挠的坚定信心。

希腊的大哲学家苏格拉底要求学生每天做到甩臂三百下。一个月后，百分之九十的学生都坚持做了。两个月后，半数的学生坚持做了。一年后，只有一名学生在坚持做。这个学生就是希腊伟大的哲学家柏拉图，他又培养出堪称西方孔夫子的亚里士多德。可见，要想成就一个伟人，不仅要有聪明的头脑，还要有执着的信念、滴水穿石的雄心。看似简单的动作，往往可以创造卓绝。

千淘万漉虽辛苦，吹尽狂沙始到金

太阳哥哥：

唐僧西天取经是耳熟能详的故事，他历经磨难，每次难关，都是在他虔诚的坚持下，孙悟空上天入地，使尽浑身解数，一次次化险为夷。各色美女，出尽奇招，频频诱惑，也在他义无反顾的坚持下，失去了魅力，终于取回了真经。坚持自己的信念，是走向成功的基石。南朝的祖冲之，在当时极其简陋的条件下，靠一片片小竹片进行大量复杂的计算，一遍又一遍，历经无数次失败，终于成为世界上第一个把圆周率精确到小数点后第七位的第一人。鲁迅曾彷徨过，歌德、贝多芬还曾想自杀，但他们都顽强地战胜了自己的消沉和软弱，通过自己的努力，最终都坚定地走向了真理，也更加磨练了自己的意志和毅力。一句名言说得好：“人的生命似洪水在奔腾，不遇到岛屿和暗礁，难以激起美丽的浪花”，勾践卧薪尝胆的故事早就成为后人逆境奋起的典范。

孔子在失意的痛苦中写成《春秋》，屈原在流放的痛苦中铸就《离骚》，曹雪芹在家破的痛苦中成就《红楼梦》，要想有所成就，一定要有这种不怕失败、不怕挫折、百折不挠的顽强精神。法国著名作家巴尔扎克说："挫折就像一块石头，对于弱者来说是绊脚石，让你怯步不前；而对于强者来说却是垫脚石，使你站得更高。"

月亮妹妹：

面对挫折，我们不应该畏惧、退缩；面对挫折，我们不应该感到疲惫、失意。我们的人生正因经历了无数的挫折，才变得缤纷多彩、丰富而充实。纵观历史，古今中外，凡是有所建树之人，无一不是在挫折面前经受住了考验，而创造了不平凡的人生的。

伟大的发明家爱迪生，在发明电灯的过程中，做了无数次失败的实验，总共试用了六千多种纤维材料，最终才确定用钨丝来做灯丝，提高了电灯的使用寿命。法国作家小仲马，不靠其父之名气，决定用自己的实力取得一番成就，他一次次地往报社寄稿，却都被报社退了回来，但他没有因此而失望，仍继续创作，经过不懈地努力，最终著成了成名之作《茶花女》。

试想，如果祖冲之苦于那繁琐的计算、屡次的失败，而选择了放弃，他能有那样一番成就吗？如果爱迪生对于自己的失败感到灰心失望，不再继续做实验，怎能有两千项发明创造，从而为人类的文明和进步做出巨大的贡献呢？如果小仲马忍受不了一次次退稿的打击，不再继续写作，会有《茶花女》这部著作问世吗？

由此可见，面对前进路上的挫折，我们应该大胆地正视它、面对它。罗曼·罗兰说得好，“每个人心中都应有两盏灯光，一盏是希望的灯光；一盏是勇气的灯光。有了这两盏灯光，我们就不怕海上的黑暗和风涛的险恶了。”是啊，人生犹如一条河，“河道有宽也有浅，河水有涨也有落”，我们航行在河上，不可能一路风平浪静，大风暴雨、惊涛骇浪是在所难免的。当我们面对事业的挫折时，我们用“希望”与“勇气”去战胜它，创造丰富而充实的人生！

太阳哥哥：

马克思的这段话也验证了我们今天的主题：

在科学的道路上没有平坦的大道可走，只有不畏劳苦艰险、沿着陡峭崎岖的山路努力攀登的人，才有希望到达光辉的顶点。

洛桑法师：

两位老师说得对，《善生经》中有着同样的道理：若不计寒暑，朝夕勤修务，事业无不成，至终无忧患。

贪逸恶劳是人的通病。由于贪逸，造成心神散漫，做事就不容易成功；因为恶劳，所以希求近利，只求速成，一遇到挫折就灰心，一碰到困难就畏缩。

唯有“精进”是最好的针砭良药。精，即纯而不杂；进，即前而不退。唯有专心致志，勇往直前，才能达到目标。

滴水常流，则能穿石；不断钻木，可以取火。懂得牺牲奉献，勤奋努力的人，必定能够突破一切难关，开创远大的事业。

弘一法师一直教化世人要心念平和，不张扬，不外显，持之以恒地坚持自己的操守。我们的内心其实蕴藏着巨大的财富，有时候却需要别人提醒才能明了。

我讲一个小故事，这其中就告诉了我们这样一个道理。

石屋禅师在外云游说法时，碰到了一位青年男子，畅谈之下，不知不觉天色已晚，两人一同投宿到一家旅店。

半夜，禅师听见有人在他的屋子里蹑手蹑脚地走动，于是问："天亮了吗？"

一位青年答道："还没有！"

禅师再次开口问道："你到底是谁？"

对方回答："小偷。"

石屋禅师道："喔！你原来是一个小偷，这是第几次了？"

对方回答："数不清了。"

石屋禅师问道："每偷一次，你会快乐多久？"

"那要看偷到的东西的价值了！"对方回答。

石屋禅师又问道："那你的快乐能够持续多久呢？"

对方回道："几天而已，过后仍旧是不快乐。"

石屋禅师说："哦，原来只是一个鼠贼，为什么不做一次大的呢？"

对方问："原来我们是同道中人，你一共做了多少次啊？"

石屋禅师回道："只有一次而已，但让我终生受用啊！"

流水的包容问候正精进对方急忙问："在哪里偷的，能告诉我吗？"

禅师突然抓住这个青年的胸口问道："这个你懂吗？这个是无穷无尽的宝藏，如果你将自己的一生都奉献给他，毕生受用不尽。"一语惊醒梦中人，青年从此改邪归正并且拜石屋禅师为师，后来成为有名的禅者。

我们的自心本贮藏着无穷无尽的宝藏而不知道，常因图一时之快，心念一起便误入歧途。妄失本性的人又怎么能够得到永远的快乐呢？又怎么能有真正的收获呢？所以我们在勇猛精进的同时，要不断地观察自心，让心始终保持在恒定的状态下，源源不断地释放内心的能量与智慧。

腾飞中国梦勇猛志向前

太阳哥哥:

中国梦，是强国梦；这梦穿越古今，历经风霜血雨，傲然挺立。中国梦，是民族梦；这梦横贯东西，披荆斩棘，巍然屹立。中国之梦，梦之国魂，华夏精华，文明之根。

每当我们读起梁启超的《少年中国说》时，我们心中自然会涌起豪情满怀，“故今日之责任，不在他人，而全在我少年。少年智则国智，少年富则国富，少年强则国强，少年独立则国独立，少年自由则国自由，少年进步则国进步，少年胜于欧洲则国胜于欧洲，少年雄于地球则国雄于地球。红日初升，其道大光；河出伏流，一泻汪洋；潜龙腾渊，鳞爪飞扬；乳虎啸谷，百兽震惶；鹰隼试翼，风尘吸张；奇花初胎，皇皇；干将发硎，有作其芒；天戴其苍，地履其黄；纵有千古，横有八荒；前途似海，来日方长。美哉，我少年中国，与天不老！壮哉，我中国少年，与国无疆！”这是何等的气魄与梦想，这是坚定的信心与勇气。今天的祖国，同样需要这份勇气，需要这份笃定。

洛桑法师:

修行人勇猛精进也是为了心中的梦想，“上求佛道，下化众生”，一切以大爱为本，正如经中所说：“於众生舍恶心，修习宽忍佛子行；见求自利二乘士，勤修行如救头燃；利众生为善德源，欢喜精进佛子行。”

有这样一位大成就的修行者，为了实现自己的梦想遭受了困难、挫折、压力、仇恨干扰与障碍，但是最终用勇猛精进的毅力战胜这些之后，获得了志向上的完满。无论做什么事情，有了目标之后实现目标的勇气和不畏艰险的精神最难能可贵。米拉日巴尊者上半生是曾经杀害数十人的罪人，在经过苦修后，下半生成就了最高的理想。米拉日巴尊者出生在西藏阿里地区。小的时候家境还算富足，但在童年的时候父亲因病去世。

在临终时，他的父亲将家产托付给他的伯父保管，谁料所有的财产都被他伯父掠夺，从此一贫如洗。米拉日巴与母亲、妹妹三人过着饥寒交迫、食不果腹的悲惨生活。当他复仇的计划实现后，短暂的复仇快感消失了，他陷入深深自责和忏悔之中。因为造下如此罪孽，以致自己也恶果难逃，于是萌发了修学佛法之心。

米拉日巴见到了玛尔巴译师，玛尔巴觉得他是一位可造之才，但恶孽深重，便以种种方便之法消除他的恶孽。在数年内没有传授一点佛法给他，只是让他遭受种种屈辱和痛苦。这样经历了八次大苦行、无数次小苦行之后，米拉日巴仍然没有得到玛尔巴的佛法教导，于是灰心地出走。当玛尔巴译师得知尊者已离去，脸色顿时转成青白，泪如雨下，合掌祈祷："口授传承的历代上师啊！空行以及护法啊！请让我这有宿缘的弟子回来吧。"说完后沉默不语。当玛尔巴这样祈祷的时候，米拉日巴尊者正在向一户人家乞讨。那家主人问道："年纪轻轻，为何要讨饭？你若识字还可替人念经，若不识字亦可打工挣钱。你会不会念经？"尊者回道："虽不是经常念经，但念经还是会。"主人说："正好我欲请人念经，你替我念经吧，我会供养你。"于是，尊者就在主人家念《般若八千颂》。当念到常啼菩萨传记时，幡然醒悟："常啼菩萨与我一般穷，但是为了求法，可以不惜性命。

人人皆知若将心挖出唯死路一条，但他仍

求法不倦。与其相比，我受这点苦又算什么呢？”于是信念坚定地又回到了玛尔巴译师身边。

坚定的信心和勇气成就了米拉日巴尊者，也为后人树立了一个行为上的楷模，梦想的实现在自身不懈的奋斗中取得。

月亮妹妹：

法师和老师给我们讲的故事的确让我们看到了要想成就一番事业，一定需要一种勇气和力量，只有这种不畏困难的精神才可以让我们对未来所遇到的种种境况，无论是顺境还是逆境都有一个很好的心态去面对，并更好地解决它。

我也讲一个发生在身边的故事。

一天，某公司总经理向全体员工宣布了一条纪律：“谁也不要走进八楼那个没挂门牌的房间。”但是，他没有解释为什么。此后真的没人违反他的这条“禁令”。

三个月后，公司又招聘了一批员工。在全体员工大会上，总经理再次将上述“禁令”予以重申。这时，只听一个新来的年轻人在下面小声嘀咕了一句：“为什么？”总经理听到后并没有因这位新人的不礼貌而恼怒，只是满脸严肃地答道："不为什么！"

回到岗位上，那个年轻人百思不得其解，还在思考着总经理为什么要这样说。其他工友则劝他只管干好自己的那份差事，别的不用瞎操心。因为"听总经理的，总是没错"。可那个年轻人偏偏来了犟脾气，非要把事情弄个水落石出不可。于是，他决定冒公司之大不韪，走进那个房间探个究竟。这天，他爬上八楼，轻轻地叩了叩那扇门，没有反应。年轻人不甘心，进而轻轻一推，虚掩着的门开了（原来门并没有上锁）。房间里没有任何摆设，只有一张桌子。年轻人来到桌旁，看到桌子上放着一个纸牌，上面用毛笔写着几个醒目的大字——"请把此牌送给总经理"。

年轻人拿起那个已落满灰尘的纸牌，走出房间似有所悟，乘电梯直奔十五楼总经理办公室。当他自信地把纸牌交到总经理手中时，仿佛期待已久的总经理一脸笑意地宣布了一项让年轻人感到震惊的任命："从现在起，你被任命为销售部经理助理。"

在后来的日子里，那个年轻人果然不负厚

望，不断开拓进取，把销售部的工作搞得红红火火，并很快被提升为销售部经理。事后许久，总经理才向众人做了如下解释：“这位年轻人不为条条框框所束缚，敢于对上司的话问个‘为什么’，并勇于冒着风险走进某些‘禁区’，这正是一个富有开拓精神的成功者应具备的良好素质。”

其实，很多成功的门都是虚掩着的，只有勇敢地去叩开它，大胆地走进去，才能探寻出个究竟来。或许，那时呈现在你眼前的真的就是一片崭新的天地。毕竟，勇气是成功的前提。敢于破禁区者，必有意想不到的收获。

堂堂正正地做人，堂堂正正的人生，勇敢地直面人生是做人的正气之所在。

精彩人生精进前行

人需要精神来支撑，生活需要志向来达成，人生之路上的风景多姿多彩，给“人”字找好伴侣，确定方向，精进的脚步将更加从容。

太阳哥哥：

那我们就让“人”立于我们面前，我们为

它确立前行的伴侣。中华文化，“儒”观古今。

人与需的结合这其中蕴含着孔孟思想的精华，人之有需，方行之；行之必有智，有智则易成。中华文明代代传扬的精神即为“儒”之谦逊、“儒”之雅致、“儒”之内敛、“儒”之无所畏惧。儒者的风范，大家的情怀。孔子思想独到之处在于可以因势利导，不拘泥于传统的束缚，的确是人行进路上的指南。

记得孔子的一个学生在河边散步时，刚巧发现有人落水，落水者的亲人说，谁能救落水者就奖励他一头牛，孔子的学生跳进水中把这个人救了上来，并高高兴兴地领走了牛。别人都骂他贪财，可是孔子却表扬了他，说你为大家做了一个榜样，今后再有人遇到险情，大家都会奋不顾身，整个国家就会有许多人因此而得救。

至圣先师孔夫子在面对实际的问题上，不但没有让学生空谈道德、伦理，反而劝学生坦然接受回报，这与孔夫子一向提倡的仁义道德岂不是矛盾了？其实不然，孔夫子当然希望所有的人都能够讲仁义，讲道德，但是他也明白这对大多数人都是太高的要求，所以在讲利益地做好事和不讲利益同时不作为之间，孔子宁可选择前者，这是儒者的善巧与智慧。

月亮妹妹：

人与山的搭配，老师您提出一个“儒”字，那我就来个“仙”字，这同样是人的伴侣吧，“人”与“山”的结合，山为人所依，志向更坚定，勇气更昂扬。五千年中华文化，孔孟以“儒”的“仁德之爱”育天下，老庄以“仙”的“道法自然”养天下。这是不同的境界，相同的志向，让人们心中充满希望与向往。

老庄所提倡的道家文化的突出精神，是一种个性中的自由精神。尤其是《庄子》的思想，更富有追求自由的专一。这种突破传统、世俗、自我的束缚，开放心灵，拓宽视野，解放思想的精神，与孔孟的仁爱思想引领着中华民族勇往直前，一路奋进。“仙”的境界是对个性真性的张扬，显示的是创造的智慧，拥有的是强大的生命力和持久力，这才是人们心中所需要的美的社会、美的人生。个性和真性是生命的灵魂，是创造的根基。个性舒展，精神才饱满；真性灵动，创造力才会增强。

洛桑法师：

人与福的统一，两位老师为“人”找到了扶持的依靠，我要讲的这个字，我想顺理成章地会出现在大家的心上，那就是“佛”。释迦牟尼佛的思想是觉悟者的智慧，是为了利于一切众生的大爱，是没有分别的平等情怀。他带给人们的是生活中的智慧，修行中的快乐，付出时的幸福。即便这其中会有种种障碍与磨难，但是那一份永不停息的誓言时时印在每一个修行人心中，流淌在每一个修行人的血液里。这是前面讲到的孔孟和老庄思想的共融之处，也是我们世世代代永不更改的做人原则，更是我们共同来探讨的堂堂正正做人的精神与品格。

儒仙佛

做人“正”为品，
“儒”字育心智；
做人“德”为尚，
“仙”字养心性；
做人“智”为高，
“佛”字炼心境。

为了我们共同爱的家园更美好，让我们养天地之正气，抒古今之情怀，习圣者之德能，耀中华之风采，共建我们的幸福家园。

幸福家园

幸福家园我的家，
利国利民人人夸，
弘扬道德与文化，
唤醒谜心振中华；

幸福家园我的家，
如缘如意亦如梦，
如静如真亦如画，
寻得真我兴华夏；

幸福家园我的家，
容你容我容大家，
善心善行大爱洒，
和谐世界真伟大；

幸福家园我的家，

爱你爱我亦爱它，
慈悲喜舍行天涯，
生命之树开满花；

幸福家园我的家，
心念伏羲与女娲，
知行合一儒释道，
和平统一大中华。

第五章

鲜花的怒放装点正语

鲜艳的花朵无需名贵，灿烂了世界，也灿烂了人们的心海；充满正能量的话语似鲜花一般娇艳，带着醉人的芬芳，温暖了心的宇宙，庄严了生命的银河。

堂堂正正真真
切切清清白白
商衍鎏书

生活在花的海洋，让我们心旷神怡，让我们充满热爱，让我们放声歌唱，让我们积极向上；正能量的话语似含苞待放的花朵，孕育着无限的生机启迪人心；正能量的话语似倾情怒放的花朵，释放着智慧的光芒伴人成长。

月亮妹妹：

老师，今天的话题是正语，就让我们携百花走来，送温馨的祝福予大家，让每个人都有如花般美丽的心怀，有如花般光艳的话语，有如花般明艳的美德，让我们的生活在花海中装点，让我们的生命在正语中庄严。

太阳哥哥：

生活离不开言语，生活更离不开美与热爱，

花朵的美让人赏心悦目，语言的魅力更是让人心旷神怡。堂堂正正的人生中离不开正语的一路同行。今天，就让我们两个人带着大家来畅游如花般语言的海洋，共享美妙语言的魅力时光，让生命的光芒因正语一路昂扬。

睿智之语如木棉花般坚强绽放

月亮妹妹：

人生的旅程中，无论我们从哪里走来，今生我们相聚于此刻，相互的牵挂与眷恋是未了的尘缘，是谁用温暖的手把我们相牵，用智慧的心把我们相连，轮回辗转中历尽沧桑巨变，年华去了又来，模样变了又改，熟悉又陌生的我们，只须相互的抚慰与亲近，走入心灵的圣地，放下所有的执着与贪爱，舍弃一切怨怼与愤恨，还心灵没有边界的空间，让般若之花在心的沃土绽放，让智慧之光在爱的领空遨翔。轻盈之体的我们共沐正语之光，相互融为一体，回眸的刹那，你即是我，我即是你，了无分别，大爱无疆。

在东方充满传奇的国度，从我们悠久的华夏民族走来了这样一位充满魅力的伟男子，他那睿智的话语点亮了世界，他的迷人风采撼动了全球，他就是我们共和国的骄傲，人们的领袖——周恩来总理。

他忙碌的身影永远地定格在岁月的屏幕上，成为不朽的回忆，他那充满智慧的语言镌刻在了亿万人民的心中，他是无数人的精神偶像，他是我们心中屹立不朽的丰碑，他那充满磁性的话语流淌在无数人生命的长河之中，人们用数以万计的鲜花告慰他的英灵，人们用无法计量的心花盛放于他的身旁。

让我们捧着心花走进他……

镜头一

1954年，周恩来总理参加日内瓦会议，通知工作人员，给与会者放一部《梁山伯与祝英台》的彩色越剧片。工作人员为了使外国人能看懂中国的戏剧片，写了十五页的说明书给周总理审阅。周总理对工作人员说："不看对象，对牛弹琴。"工作人员不服气地说："给洋人看这种电影，那才是对牛弹琴呢！"

"那就看你怎么个弹法了，"总理说，"你要用十几页的说明书去弹，那是乱弹。我给你换个弹法吧，你只要在请柬上写一句话，‘请您欣赏一部彩色歌剧电影，中国的《罗密欧与朱丽叶》就行了。’”电影放映后，观众们看得如痴如醉，不时爆发出阵阵掌声。

镜头二

1971年，美国国务卿基辛格博士为恢复中美外交关系秘密访华。在一次正式谈判尚未开始之前，基辛格突然向周恩来总理提出一个要求：“尊敬的总理阁下，贵国马王堆一号汉墓的发掘成果震惊世界，那具女尸确是世界上少有的珍宝啊！本人受我国科学界知名人士的委托，想用一种地球上没有的物质来换取一些女尸周围的木炭，不知贵国愿意否？”

周恩来总理听后，随口问道：“国务卿阁下，不知贵国政府将用什么来交换？”基辛格说：“月土，就是我国宇宙飞船从月球上带回的泥土，这应算是地球上没有的东西吧！”

周总理哈哈一笑：“我当是什么，原来是我们祖宗脚下的东西。”基辛格一惊，疑惑地问道：“怎么？你们早有人上了月球，什么时候？为什么不公布？”周恩来总理笑了笑，用手指着茶几上的一尊嫦娥奔月的牙雕，认真地对基辛格说：“我们怎么没公布？早在五千多年前，我们就有一位嫦娥飞上了月亮，在月亮上建起了广寒宫住下了，不信，我们还要派人去看她呢！怎么，这些我国妇孺皆知的事情，你这个中国通还不知道？”周恩来总理机智而又幽默的回答，让博学多识的基辛格博士笑了。

镜头三

一个美国记者刁难周总理，问：“中国现在有四亿人，需要修多少厕所？”这纯属无稽之谈，可是，在这样的外交场合，又不便回绝，周总理轻轻一笑回答道：“两个！一个男厕所，一个女厕所。”

镜头四

一次记者招待会，周恩来总理介绍我国建设成就。一个西方记者问：“中国人民银行有多少资金？”这涉及国家机密，不可能直言相告。总理眉头一皱，很快答道：“有 18 元 8 角 8 分。”在场的人全都愕然。总理解释说：“中国人民银行的货币面额为 10 元、5 元、2 元、1 元、5 角、2 角、1 角、5 分、2 分、1 分，共十种主辅人民币，合计为 18 元 8 角 8 分。中国人民银行有全国人民作后盾，信用卓著，实力雄厚，人民币是世界上最有信誉的一种货币。”话音刚落，全场响起热烈的掌声。周总理有意回避问题的实质，以“总面额”替代“总金额”，于是堵了外国记者的口，又不破坏招待会和谐的气氛。语言犀利而风趣，充分表现出他过人的应变能力和高超的语言艺术。

镜头已远，心中深情缅怀，正是这正语的力量让联合国前秘书长哈马啥尔德说过一句广为流传的话：“与周恩来相比，我们简直就是野蛮人。”正是这位具有无限语言艺术的奇男子让美国总统肯尼迪夫人坚定地说：“全世界我只崇拜一个人，那就是周恩来。”

温馨祈盼：绽放木棉花般的睿智之语

亲爱的朋友们：与您一起温馨祈盼，让我们拥有木棉花般的情怀，忠诚而热烈。堂堂正正一辈子的人生，这如花的岁月，正语的美德映于花海，无需貌美如花，只要心花怒放、心语盛开就足以装点心灵的美好。

这正语的力量让你如木棉花般独立而又自由，默默地立于你爱的每一个人身边。

让我们的正语充满力量，如盛开的火红的木棉，把坚定、忠诚的芬芳播撒在人们的心间。

平等之语如梅花般傲然盛放

太阳哥哥：

每个人心中都有一股强大的力量，相互之间言语的表达，可以让它碰撞出耀眼的光华。温馨的话语可以感染人，亲切的话语可以体恤人，睿智的话语可以启迪人，希望的话语可以引领人，让我们用堂堂的正语抒写我们的一辈子。

一句话的力量可以改变人生，一句话的力量可以激励人心，一句话的力量可以充满希望，一句话的力量可以穿越时空。

镜头一

美国哈佛大学名教授凯屈莱奇是研究莎士比亚的权威，有一次他在讲坛上教授莎士比亚课程不小心一脚踏空，跌到讲坛下面。他站起身来，气势巍峨地对那些学生说："教了四十年书，这是我第一次跌落到听众一样的水平！"

这充满幽默的话语带给自己和学生的不是一时的尴尬，而是对学术的赞叹，对知识的渴望！

镜头二

英国著名剧作家萧伯纳到莫斯科旅游，在街上遇到了一位聪慧的小女孩，十分投缘，便站在街头天南地北地和她聊了很久，临分别时，萧伯纳说："回去告诉你妈妈，今天你在街上和世界名人萧伯纳聊了很久。"小女孩看了一眼，也学着他的口气说："回去告诉你的妈妈，你今天和漂亮的苏联小姑娘安娜聊了很久。"我们不能不为小姑娘的机智所称道，并从中受到深深的感悟：一个人不管有多大的成就或多高的地位，对任何人都不能不平等对待。

平等的话语给人以希望和勇气，让心与心的距离贴得更近，使咫尺天涯化作天涯咫尺。

镜头三

在繁华的巴黎大街的路旁，站着一个衣衫褴褛，头发斑白，双目失明的老人。他不像其他乞丐那样伸手向过路的行人乞讨，而是在身旁立一块木牌，上面写着："我什么也看不见！"不用说，他是为生活所迫才这样做的。街上过往的行人很多，那些穿着华丽的绅士、贵妇人，那些打扮漂亮的少男少女们，看了木牌上的字都无动于衷，有的还淡淡一笑，便姗姗而去了。这天中午，法国著名诗人让·彼浩勒也经过这里。他看看木牌上的字，问盲老人："老人家，今天上午有人给你钱吗？""唉！"那盲老人叹息着回答，"我，我什么也没有得到。”说着脸上的神情非常悲伤。让·彼浩勒听了，拿起笔悄悄地在那行字的前面添上了“春天到了，可是”几个字，就匆匆地离去了。晚上，让·彼浩勒又经过这里，问那个盲老人下午的收入情况，那盲老人笑着对诗人说：“先生，不知为什么，下午给我钱的人多极了！”让·彼浩勒听了，也摸着胡子满意地笑了。

“春天到了，可是我什么也看不见！”这富有诗意的话语，产生这么大的作用，就在于它有非常浓厚的感情色彩，同时还拥有一颗平等的胸怀。是的，春天是美好的，那蓝天白云，那绿树红花，那莺歌燕语，那流水人家，怎么不叫人陶醉呢？但这良辰美景，对于一个双目失明的人来说，只是一片漆黑。

诗人的话语中让人们激起了内心的爱与奉献。

镜头四

台湾作家林清玄当年做记者时，曾撰特稿报道过一个小偷作案手法的巧妙和细腻，行窃上千次，次次得手。在特稿的结尾，林记者情不自禁地慨叹，“心思如此缜密，手法这般灵巧的小偷，做任何一行都会有所成就吧！”万万没有想到，正是这句话，改变了这个小偷的一生。

二十年后，小偷成了台湾几家羊肉店的大老板。在一次邂逅中，这位老板诚挚地对林清玄说：“您写的那篇特稿中的那句话，打消了我生活的盲点，让我想到，为什么除了做小偷，我没想过做正当的事呢？”一句慨叹，鞭策了一个惯偷金盆洗手，正道直行，堪称功德无量啊！

良言一句三冬暖，恶语伤人六月寒。作为文明社会的我们，当善放良言，力戒恶语，因为一句正语的能量可以影响人的一生啊！

今天是花的世界、语的海洋，那就让我也拥有一次诗人的情怀，共同赞叹“吾们”吧，为“吾们”的相识、相知、相聚礼赞：

吾们

吾们是光，
吾们是爱，
吾们是光的使者，
吾们是爱的使者，
让吾们把光和爱洒满人间；

数千年风雷激荡，
数千年暗夜苍茫，
数千年血泪流淌，
数千年文明传唱；

吾们欢天喜地、迷茫彷徨，
吾是谁？
谁是吾？
吾从哪儿来，该去向何方？
吾告诉自己，也告诉吾们。

吾是一颗小小的尘埃，
吾们彼此相依成为大地，
吾们大爱无疆承载责任，
吾们厚德载物与天地同存；

吾是一个小小的水分子，
吾们相约汇聚成为大海，
吾们净化身心滋润万物；

吾是一个小小的火种，
互相给予成为太阳，
吾们燃烧自己温暖环宇；

吾是一缕温柔的清风，
结伴而行成为主流，
吾们顺其自然随遇而安；

吾是一个小小的空间，
相互叠加成为虚空，
吾中有你、你中有吾；

吾们是一束生命的灵光，
相互融合成为光明，
吾们普照大千、正大光明；

吾们是一轮弯弯的明月，
同愿同行相助相帮成为朋友，
吾们正心正行、义利顺心；

吾是一颗闪亮的星星，
与道同行成为大家庭，
吾们风雨同舟、照亮世界；

吾有一颗小小的童心，
心心相印与世无争，
吾们心不离境、境不转心；

吾们是龙的传人，

结伴而行践行生命，
吾们勤劳智慧、团结忠诚；

是的，
吾们是大地！
吾们是大海！
吾们是大火！
吾们是大风！
吾们是太阳！
吾们是月亮！
吾们是星星！

吾们是虚空的结合体，
吾们是光的使者，
吾们是爱的使者，
吾们是龙的传人，
吾们是万物之灵，
吾们是宇宙的救星，
吾们是正义的守护神！

吾们是兄弟姐妹，
吾们是父老乡亲，

吾们是人民共和国的忠诚战士，
吾们是大同世界的主人，
吾们都是一家人！

吾们来自无极太阳宫，
吾们来自本心一念，
吾们来自银河系，
吾们来自太阳系，
吾们来到了地球，
吾们心系月宫，
吾们仰望星空！
吾们有了共同的家园，
吾们在一起和睦相处，
吾们在一起快乐人生，
吾们在一起幻化新生！

吾们与天地同在，
吾们与宇宙同行，
吾们昂首屹立在喜马拉雅之巅！

吾们引领着智慧之舟，
用光和爱，

共建和乐世界，
引领心性回归！

吾们忠诚仁义礼智信，
吾们践行慈悲喜舍，
吾们珍爱生命、善待自然，
吾们善行天下、德贯古今！
吾们认祖归真，
吾们万众一心，
吾们众志成城，
吾们唱着东方红，
吾们讲着春天的故事，
吾们走进新时代，
吾们和乐自在！

赞叹之语如向阳花般悄然释放

向日葵与孩子

曾经有一天，花园的主人对花匠说，“拔了它吧，它太碍眼了。”花匠答应了，可是当他要去拔的时候，突然发现向日葵的顶端长出了一个青绿色的小小的花骨朵。

花匠突然意识到一个问题：这是一株花啊！

是的，这确实是一株花，一株被人们不当成花的花。花匠是第一个意识到这小向日葵也是一株花的人。

花匠是爱花的，他知道如何种花，如何使花长得茂盛，可是他却不知道该如何使花死掉。所以，小向日葵便躲过了一劫，它没有了会被拔掉的担心，便一心一意地开起花来。

这天，小向日葵开花了。是的，那是一朵黄灿灿的花，花瓣上那些纤细的毛茸茸的纤毛在阳光的照射下闪着流光。那还带着点儿青绿色的花瓣青涩地笑着，迎着太阳。

"你真美"一个小男孩儿走过来。他穿着一套洗得发白的牛仔服，瘦小的身子和这宽大的衣服很不相称。他的脸很白，不过不是像豪宅的女主人那样的乳白，而是死人似的苍白，就像他衣服上那磨得发白的痕迹。他大大的眼睛深深地陷在眼眶里，黑黑的眼珠很漂亮。而此刻，那漂亮的眼睛正紧紧地地盯着这向日葵。

"你真美。"他踮起脚尖，用额头轻轻触了触金黄色的花瓣，"你让我联想到阳光"。小孩子虔诚地看着这一株向日葵，美丽的眼中充满了幸福。

小向日葵欢快地抖落了一身露珠，自从它开花以来，还从没有人夸奖过自己漂亮呢。它有些喜欢小孩子了，它尽量地将花瓣舒展开来，迎着太阳。那一枚枚金黄色的花瓣便好像镀了一层金似的，闪着绚烂的光彩。

男孩儿伸出手，摸了摸它大大的花盘，就像是在亲抚一只可爱的小狗，“我要走啦，明天我再来看你哦。”

“我要走啦，明天我再来看你哦。”小向日葵记住了这句话。它相信，小孩子是不会撒谎的，于是它便等待着。只是过了一个晚上，当第二天，黎明刚刚在地球的这面浮动的时候，小孩子便真的来了。

他快乐地看着这株向日葵，久久地看着。这不禁让小向日葵有些害羞。然后，小孩子便急急地走了，“我明天还来哦”，他走的时候说。

“我明天还来哦。”向日葵又记住了这句话。它完全相信这个孩子了。

这真是件美好的事情。一个孩子与一株花之间建立的友情。

你要相信，他们之间的友情是世界上最美好的友情。因为他们不是两个大人，而是一个孩子和一株花。当世界上最美好的两类事物建立友情的时候，他们的友情必定是纯洁而美好的，这一点我们必定相信。

孩子每天都会来看望这株向日葵，而向日葵也每天都期盼着孩子的到来。它努力地长得高些，再高些。它像远处眺望，远处有一个已经废弃了的工厂，孩子的家就在那里面。

“你是一株多么高尚的花啊，你有着阳光一般的颜色和光泽。”孩子真诚地赞美着这株向日葵。而在这之前，还有一个路人朝这株向日葵吐唾沫，“瞧，它长在这么名贵的花园里是多么的不协调。”

向日葵总有一种感觉，孩子有着很悲惨的命运——虽然孩子从来都不说他自己的事情——因为他的眼睛里时常会有哀伤浮现。或许它和我一样，是一个被遗弃的人吧，它想。想到孩子和自己一样向日葵有些替他伤心，可又有些兴奋，因为他们之间有相似之处了啊。

向日葵的花期持续了太长的时间，这让人有些不解。人们纷纷猜测它长寿的原因，可是没有人——甚至包括孩子——都不知道，它努力地使自己不凋谢，只是为了让孩子看到一个完美的自己。

当“爱”这种情感不只是属于人类，还属于一朵花的时候，那必定会创造奇迹。

可是孩子已经两天没来看它了。向日葵有些着急，它向孩子破烂的家望去。可是，它找不到孩子的身影。他是生病了呢，还是出事了？向日葵猜测着。

焦虑的感觉压抑着它，甚至让它睡不着觉。

第三天，孩子终于来了，可是却是很虚弱的样子。

孩子噙着泪，“我很疼，我的心脏很疼。”他哭着抱住向日葵的细竿，“我要死了吧。”他的泪流到向日葵脚下的土壤里，让向日葵很难受。“我被妈妈遗弃了，因为我有心脏病。是阿姨抚养我长大。之前我在床上躺了两天，可是阿姨没钱送我去医院。我不想死，死了我就再也看不到你了……”

孩子开始是哽咽着，到了最后就是泣不成声了。孩子抱着向日葵哭了好久，一直到夕阳西下，才擦干眼泪站起来。

“你是我唯一的一个朋友，我可以吻你一下吗？”向日葵已经有两个孩子的高度了，可是它还是努力地弯下身子。

孩子含着泪幸福地笑着，把脸埋进向日葵大大的花盘里，然后轻轻地、温柔地吻了一下。

向日葵感到身体似乎起了什么微妙的变化，就像是种子爆裂生长的那种感觉。它被一种神圣的幸福的感觉所充溢着。它并不明白这是怎么回事，是的，它并不明白，孩子的吻让向日葵长出了一颗心。

第二天，孩子没来。第三天，孩子没来。第四天，向日葵发现有一个女人从孩子家里走出来，在他家门口挂了一条黑布，又抹着眼睛回到了屋里。它明白了，孩子是真的死了。

向日葵突然感觉有个地方好疼，那是心的位置吗？它想哭，可是它没有眼泪。哀伤像大山一样压着它，又像让它陷入了一片沼泽地，无法挣脱。

它强烈地感觉到身体的不舒服。是的，作为一株花，它竟然有了感情和感觉……

“主人，如果您想看一看的话。”花匠引着女主人走进花园，“那株向日葵已经连续有一个多月没有凋谢了。”

是吗？女主人白皙的脸上显出很感兴趣的样子。他们向篱笆边走去。突然，花匠张大了嘴巴。他们看到，上午还长得很好的向日葵竟然枯萎了！它那干枯的叶片有气无力地垂着，硕大的花盘此刻变成了枯槁的褐色，挂在花竿上摇摇欲坠。它的花籽撒了一地，并且还在向下落着，像是伤心的泪滴。

花匠张大了嘴巴，他已经盯着向日葵看了好长时间了，可是他还是在看着，不知道到底发生了什么事情。

“这真是奇怪，谁都不知道它是怎么生长出来的，也不知道它是怎么死的。”女主人惊讶地作出了评论。

月亮妹妹：

或许人们都不知道向日葵是怎么长出来的，也不知道它是怎么死的。可是亲爱的朋友们，我们却知道，有一株一直被人们认为是很卑贱的向日葵，它曾经因为一个孩子的一句赞美而茁壮成长，因为一个孩子的吻而使它长出了一颗心，它也曾经为了一个孩子而努力地开花又伤心而死。

赞叹的话语释放出的光芒万丈，它可以使阴郁的心爽朗，可以使颓唐的精神振奋，可以使枯萎的心灵充满活力。

太阳哥哥：

温暖的话语感动人，赞叹的话语成就人。春有春的风情，冬有冬的雅致，人生各有各的美丽，各有各的潇洒，你笑，全世界跟着你笑。当一颗心学会了在爱与赞叹中行走的时候，其实也就在心里种下了和善的种子，这样的一颗心灵生长出来的果实，已经超越了生死的界限，必然是美丽的。

月亮妹妹：

语言，以它独特的魅力成为人们生活中的朋友，它像一朵温馨柔美的花儿静静地开在心灵的空间，暗暗地吐露着芬芳。

语言的魅力在于它将简单的汉字组合，浸透情感的汁液，赋予斑斓的色彩，灵动成一幅清纯亮丽的山水图。它可以静静地关注，默默地关爱，于静默间铺呈情深绵绵的诗笺，填写一阕醉人的诗行。简单而富含魅力的语言在岁月的长河里被情感的浪花旖旎成浪漫温馨的彩贝，轻轻地被珍爱的人们拾起，用幸福快乐的情丝串成璀璨夺目的项链，挂在记忆的窗口。

也可以在唐诗的葡萄美酒夜光杯中紧紧地同诗意的月色相拥，同温润的情意相抱，同甜美的情感美酒相醉。也可以在李清照的“才下眉头，却上心头”的深深思念里领悟婉约宋词的凄美柔情，感受那份刻骨铭心的思念之情。这就是语言的魅力，它融于宇宙，遍洒虚空。

太阳哥哥:

一个正直善良的人是会用最温馨暖爱的语言，去抚慰寒冬里的人们的；一个心存感激的人会珍惜每一个送给他祝福与鼓励的人；一个热情快乐的人会用激昂欢畅的语言去感染身边的人；一个幸福温馨的人会用蜜意的心怀、甜润的语言去关爱身边的人。那一句句朴实的语言一旦赋予了美好的情感色彩也就会魅力无限，绚丽多姿。

在当今和谐为主题的社会里，我们向往的都是温情脉脉的情暖春天般的语言。希望语言的魅力如春风，吹醒心的田野，润泽新的希望；希望语言的魅力如春雨，于“润物细无声”中滋润干涸的心田，萌发真爱的种子；希望语言的魅力如夏风般凉爽，驱除心间的烦闷浮躁，增添一份清凉的慰藉；希望语言的魅力如秋天枝头的硕果，田野的一片金黄，丰盈成熟的喜悦心怀；希望语言的魅力如冬日的暖阳，赶走冬日的寒冷，在阳光的羽翼里感受一份温暖惬意的情怀。

月亮妹妹：

让我们在正语所展示的如痴如醉的图景里行走低吟，一定会灿然今生最美的风景，感慨于语言最美的相逢。在如诗如画，如梦如烟中轻裁语言的云朵，做一件最幸福最温暖的衣裳。感受语言的魅力，穿着温馨甜美，说出温润甜蜜，奉献幸福暖阳。如风拂过，轻轻无痕，却荡起心湖的涟漪。一江春水，碧波盈盈，洒落的心事，幻化为绝美的心花。

正如《堂堂正正一辈子》中如父、如兄般亲人的话语一样：“人在年少时，一定要励志，经得起风雨，才能长见识，莫好高骛远，稳健才扎实。”这谆谆告诫的话语向他的人民道出了对生活的热爱，对事业的执着。

“做事讲诚信，做人讲良知。你有能力时，决心做大事；没有能力时，快乐做小事；你有余钱时，尽量做善事；没有余钱时，修身不停止。”这贴心的话语道出了做人的准则与良知。

“人活一辈子，要好好深思；当有成绩时，要常照镜子；没有成绩时，学习不停止；私心膨胀时，欲望要节制；你有权力时，就做点好事；没有权力时，就做点实事；当你能动时，就多做点事；你不能动时，回忆开心事。”这坦诚的话语道出了自省的可贵，更道出了对欲望的止息以及对生活的平和心态。

“人这一辈子，都会做错事，改正就是好事，避免做傻事，坚决不能做坏事，人生就是这回事，堂堂正正一辈子。”这包容的话语道出了对亲人的挚爱，以及对堂堂正正人生的豪情满怀。

《堂堂正正一辈子》一诗的正语浇灌了心之花朵，点亮了心之明灯，升起了心之希望，扬帆了和善中华的航船，激荡了华夏儿女的古道热肠。

国之昌盛离不开人民，人们的安宁来自于国家的兴旺，我们要做人们的代表，我们要代表人民。

人民代表

茶语饭后间
大家总会想到他
一位践行正道的农民
在星火燎原时期的陕北
开启超越诸葛亮的智慧
忠诚谱写黄河交响曲
国强民富时
大家总会念到他
一位慈悲和善的老人
在改革开放年代的宝安
顺应劳苦大众的需求
认真编写春天的故事
是他
是他
就是他
他始终代表着人民
他始终为人民当家

做一朵无名的小花绽放最美的光华

人生的百花园中，有雍容华贵的花朵，也有默默无闻的花朵，不要因为自己的高贵而骄慢，也不要因自己的无名而卑微。只要是花，必定绽放；只要是花，必放光华。

太阳哥哥:

请大家和我一起说出下面的话语:

我（你）非常重要!

我（你）是最棒的!

没事的，我们相信你!

我们一定会成功的!

月亮妹妹:

再请大家和我一起说出下面的话语:

我真是太笨了。

我不够聪明。

我永远不会成功。

这世界太不公平了。

从这两种话语中我们看到：为别人鼓掌的人也是在给自己的生命加油。勇于给别人喝彩的人，就是为自己的生命呐喊。

请大家跟我们一起来转换语言的表达方式:

把 impossible (不可能) 转变为 I' m possible (我是可能的) 把“我好紧张”转变为“我一定可以做到!”

把“我真的不行”转变为“我一定能行!”

太阳哥哥:

话语就像种子。当你大声说出来的时候，它们就在潜意识里发芽成长，开始自己的生命;它们生根、长大，然后结出同类的果实。如果我们说出正面的话语，生命就朝着正面前进。相同地，当我们说出负面的话语，收获的一定是负面的结果。

所以，当有一个医生，深知话语的力量时，他给所有的病人一个处方，就是要他们每隔一个小时对自己说:“我每一天在各方面都越来越好，越来越好了。”这个医生的病人都出奇的好，比起被其他医生诊疗的病人都好得多。

生活中我们多听取正能量的话语，不要被负信息的能量所阻碍。记得在网络上曾经流传着这样一个故事:

有一群青蛙举办了一场攀爬比赛，比赛

的终点是一个非常高的铁塔塔顶，一大群青蛙围着铁塔看比赛，给它们加油。老实说，群蛙中没有谁相信这些小小的青蛙会到达塔顶，它们都在议论："这太难了！它们肯定到不了塔顶！""它们绝不可能成功的，塔太高了！"听到这些，一只接一只的青蛙开始泄气了，除了那些情绪高涨的几只还在往上爬。群蛙继续喊着"这太难了！没有谁能爬上顶的！"越来越多的青蛙累坏了，退出了比赛。但是，有一只却越爬越高，一点儿没有放弃的意思。最后，其他所有的青蛙都退出了比赛，除了一只，它费了很大的劲儿，终于成为惟一到达塔顶的胜利者。当然，其他所有的青蛙都想知道它是怎么成功的，有一只青蛙跑上前去问那只胜利者，问它哪儿来那么大的力气跑完全程，它发现这只青蛙竟然是个聋子。

这个故事告诉我们永远不要听信那些消极悲观的看法，因为他们只会粉碎我们内心最美好的梦想和希望。我们要聆听积极向上充满力量的话语，它将成就我们及他人共同的事业。当有人打击我们，告诉我们梦想不可能成真时，我们要变成"聋子"，对此充耳不闻，我们要告诉自己：“我一定可以成功的，我充满智慧与力量”。

月亮妹妹：

愿我们每个人都用自己的正语感染身边的人，即便我们是一朵无名的小花，我们也愿做一朵无名的小花，奉献于每一位朋友的心海。

我是一朵无名的小花

我是一朵无名的小花，无论风吹雨打，我绽放在草地，盛开在山崖；我静静地等待着，不期许未来，不流连往昔，我安住于当下。

我是一朵无名的小花，没有名贵、不曾娇艳，更不奢华，我热爱淡泊，向往简单，拥有坚定的信念，不曾选择，随缘安家，惟有信仰是我不变的眷恋。

我是一朵无名的小花，多少次轮回的岁月，默默的我驻足于大地的胸怀，聆听晨钟暮鼓的鸣响，伴着朝圣者匆匆的步履，我心淡定而安然，似清风拂过，如白云飘然，心中保有那始终如一不变的情怀。

我是一朵无名的小花，阳光照耀下怒放的

花朵，雨露滋润下有我成长的芳华，有那么一天，被存留于镜头下，依旧弹奏着我心中的真曲，用手中的画笔点染着神圣的顶礼，书写那无垠的智慧与光华……

让我们把心中的无限感恩之情释放出来，让我们感恩一切的拥有，无论是欢笑与痛苦、顺利与挫折，都让我们感恩，感恩的心怀让我们相亲相爱，感恩的话语让我们亲如一家！

感恩有感

感天动地大团圆
恩泽四海人人欢
天心和合本清净
地载万物大爱献
国安民顺今世缘
亲朋好友累世转
师德济世智慧显
众缘和合吾心愿
生生世世大圆满
解放思想续新篇
脱离苦海登彼岸

第六章

小草的坚韧启迪正念

想起你，就想起那“野火烧不尽，春风吹又生”的坚韧，你生长在人们正念的思想里，用正念化解迷茫，用正念指引方向。

心底無私天地寬
堂堂正正記心間
規規矩矩把事做
人間處處艳陽天

習道大書

眼波流动处爱在流淌

太阳哥哥：

正念在于觉知你的念头和周围发生的一切事情，并以真正的智慧，时刻忆念一切正道正行，而无有任何邪念。生活中的一切需要我们全身心地去体悟，去实践。用我们的眼睛、耳朵、双手、鼻子、舌头乃至我们的心去感知、体悟，从中获得正确的理解，发现生活中的真善美慧，感悟生活的真谛。

眼睛是心灵的窗户，是发现真善美的源泉。习主席的寄语也在号召我们每个人要常照镜子，观照自心。同时也让我们把每个念头放在当下，体会生活中的苦、辣、酸、甜各种滋味，但是又能够从中发现那可以激励我们积极向上的情怀。

月亮妹妹：

堂堂正正的人生，习主席的深情寄语，也是在告诉我们要珍惜每一个当下的拥有，逝去的成功只有追忆，逝去的失败无法挽回，只有把握好每一个现在才可以始终正念满怀，拥有我们向往的幸福与快乐。

做一个堂堂正正的人“念”字必是关键，“念”乃“今”与“心”的合二为一，此时我们更要慨叹文字创造者的伟大，“今心”分明就是在告诉我们把握住每个现在拥有的时刻、拥有的一切，内心中体悟这其中的真谛时，心自然地明朗，体自然地轻松，眼自然地明亮。

在我们的每一个眼波流动处发现生活的美，提醒幸福就在眼前。我们唯有不断地珍惜与热爱，才可以成为一个“正人”君子。

太阳哥哥：

幸福的拥有是正念的思维，是每一个毫不拒绝的渴望。正如美国诗人惠特曼所说的“幸福，不在别的地方而就在这里……不在别的时候，而就在此时”。当下这个瞬间，全世界都充满着美丽。如果留心，你就会发现；如果愿意，你也能创造这份美丽。

让我们花费一些精力，去思考发生在我们身边的这些美妙的事物。就在眼下，就在此刻……

请大家和我一起思考以下美妙的瞬间，以正念之心体会生活的真实，体会内心的热爱。

一个新生儿呼吸了第一口空气。

两个浪漫的年轻人促膝交谈。

一家人骑着自行车在郊外放声歌唱。

年轻的志愿者们微笑地奉献着爱心。

各行各业的人们忙碌的身影。

春有百花秋有月，夏有凉风冬有雪的美景。

这每一个瞬间都和我们息息相关，亲密无间，这就是人生，这就是生活。只有在不断的发现中我们理解了正念，只有在眼波流动处我们阅读了人间。

月亮妹妹：

堂堂正正之人，正念必坚。正如《康熙教

子庭训格言》中所说："一念之微必使俯仰无愧。"这也印证了人的起心动念之重要，一念善天地佑之，一念恶众人弃之。

因为看电视的一个举动，让一个小朋友发起了一念善心，震撼了多少大人的心灵。

有这么一个小朋友看到电视新闻上说：非洲有许许多多穷苦的小孩，这些穷苦小孩从来都没有吃过糖果，也没有书本。这个小朋友他很天真，他就收集一些糖果，收集一些书本，然后希望他的爸爸妈妈把它送到非洲去。

爸爸妈妈怎么有这个本事送到非洲呢？小孩子很天真，他说："你看天上那个飞机飞来飞去、飞来飞去，那个大叔叔如果有飞去非洲的话，就把我们的东西从空中丢下来去就可以了嘛。"小朋友想得很天真，确实那么的真实。

后来他的父母就想到这个空军，就写信去问："你们的飞机有没有飞到非洲？我的小孩收集很多糖果、饼干、书本、铅笔、钢笔什么一大堆的，如果你们飞到非洲上空的时候，就把它丢下来给那些非洲的小朋友吧。"

空军单位收到这封信以后，也很感动，真的就准备派一辆专机，要把东西送到非洲了。

后来空军单位问："你们到底有多少东西？"

他们说："不多。"

"不多？我们一架飞机可以载很多东西的，你们这么一点点怎么可以呢？"

于是这个小朋友就到学校里面，把他的构想跟老师和校长讲。校长发布以后，不但这所学校，其他学校也感动了，消息很快传出去，大家捐糖果、饼干、书本、笔等。结果真的空军就派了一架飞机，载东西到非洲去，送给那些需要的小朋友们。

所以我们这个心的力量很大很大。这个小朋友天真无邪，一念善念，感动了这么多人来随喜赞助，共同完成这个善举。这证明了一个事实：世界上感动人最深的，就是我们的心，是我们的正念。所以，我们要自豪地告诉自己心有多大，愿力就多大；愿力有多大，智慧就有多大。有梦想就努力地实现它，最美之处就在眼波流动的刹那，最美的心念就在奉献的当下。

太阳哥哥：

正念的光辉在于爱的奉献，在于心的真诚，一花一世界，一叶一菩提，万物皆和谐，众生同法喜，善性本自在，天运循环理，梵音昭未来，静悟参真谛。只有当我们念念观照于当下之时，我们才会深感拥有的可贵，生命的这份坚韧即刻表露无遗。

一颗完美的心和一颗布满疤痕的心的差别在于爱的奉献，让我们共同领悟这其中的爱吧！

一个年轻人站在城镇的中央，宣布他的心是整个山谷中最美丽的心。围观的群众很多，他们都称赞他的心的确是最完美的，没有一点伤痕或者瑕疵。真的，他们一致认为这实在是他们见过的最美丽的心。这个年轻人非常自豪，更加起劲地大声吹捧自己那颗美丽的心。

突然，一位老人出现在人群面前，他说："你的心不如我的美丽。"围观群众和年轻人都朝老人的心看去，它有力地跳动着，却布满了伤疤，有的地方被挖走了，虽然重新补上了，但修补得不甚完整，留下参差不齐的疤痕。实际上，有的地方还露出很深的豁口。

人们睁大了眼睛——他们想：他怎能说自己的心更美丽呢？年轻人看了看老人的心，见是这种情形，不禁笑了起来："你不是在开玩笑吧？"他说："把你的心和我的比一下，我的心是那么完美，而你的心却布满了伤疤和裂痕。”

“是的，”老人说，“你的心从表面来看很完美，但我绝不会跟你交换。你看，每个伤疤都代表我为别人献出的一份爱——我掏出一块心给他们，他们常常会掏出自己的一块回赠给我，但由于这两块不完全一样，伤口的边缘就留下了疤痕，不过我十分珍惜这些疤痕，因为它们能使我想起我们共同拥有的爱心。有时我送出了心，其他人并没有回赠给我，因此就出现了这些深孔——献出爱只是创造机会。尽管这些伤口疼痛，并且整日敞开着，却能使我想起我给予他们的爱。我希望有一天，他们能够回来填补上我心里的空间。你们现在明白什么是真正的美丽了吧？”

年轻人默默无语地站着，泪水顺着脸颊流下。他走到这位老人身边，把手伸进自己完美而年轻美丽的心里，撕下一块来。他用颤抖的双手把它献给这位老人。

老人接过馈赠，把它放进自己的心里。然后他从自己疤痕累累的心里掏出一块，放在年轻人心里的那个伤口上。正好放进去，但不是特别吻合，因为有一些疤痕。年轻人看着自己的心，看起来不再完美但比以前更美丽了，因为老人心中的爱也流淌到了他的心里。他们互相拥抱，然后肩并肩离开了。

故事虽是寓言，但真实向我们展示了人与人之间相互给予的感动，相互关爱的真诚，爱的完满在于一颗渴望付出与奉献的心灵，奉献一份爱心的当下，幸福便悄然而至。

心存大爱，则无可阻之道；心存美好，则无可恼之事；心存善良，则无可恨之人。一个心存大爱、美好、善良、超脱世俗观念的人一定是世上最幸福的人！所以让我们爱在当下，提醒幸福，勇于奉献吧！

提醒幸福

幸福似空气看不到，摸不着，却真切地可以感受到，人人期待拥有它，但又不曾真正走近它，拥有爱情，以为拥有了幸福，这幸福似娇艳欲滴的玫瑰般芬芳，终有香消殆尽之时，幸福不是永远的拥有，放弃也是一种幸福；拥有健康是人之渴望，健康似光阴时刻陪伴着我们，我们却和它形同陌路，它关怀宽慰我们时，得到的是不屑一顾，健康随光阴一起走远后，留下世人满心的惆怅；拥有事业时，无论辉煌与否，皆是幸福，幸福如野草般平凡中孕育着能量，小不懦弱，柔不软弱，普通不平凡，无名却充满爱恋。

幸福是斑白的发丝，经岁月浸染；幸福是能跑能跳，任心情自在；幸福是相知相爱，无占有狭隘；幸福是拖地洗衣，融入的全是爱；幸福更是昙花一现，会消散，会远去，不久常，如水中月、镜中花，那就放下幸福，一如既往地前行，无怨无悔只为生命智慧绽放的瞬间，此时幸福又悄然而至，如孩子般的笑脸，让我们忘却了拥有，忘却了迷茫，沿着慧灯之光前行，为着生生世世正念的力量！

双手奉献时善在传扬

月亮妹妹：

生活里，有没有一双手，让你曾凝视许久？这双手也许温暖润泽，牵引着你，走过人生最初的蹒跚；也许宽大有力，执手间，握住关于爱情一生的安心；也许粗糙而长满老茧，龟裂的皮肤挡不住劳动的光辉；也许皱纹丛生，无声诉说着关于历史的故事；也许精巧细长，灵动翻飞间便让艺术之花绽放。

手是那么地善于表达，它毫不吝啬地释放着我们的情感。我们开心时，它手舞足蹈；我们悔恨时，它扼腕惋惜；我们助人时，它真心付出；我们感动时，它掩面而泣；我们辛劳工作时，它紧张忙碌；我们充满爱恋时，它默默分享。

太阳哥哥：

正念的力量在每个善行中增强，让《善之歌》在我们的双手奉献中传扬。

善之歌

善为天地万物之本，
万教归一本原是善。
善行天下和乐家园，
世界大同善开大门。
友善为善知善行善，
善爱万物万物皆善。

一切妙法宗旨是善，
万物本性之初为善。
以善聚善以善修善，
行善光明天地祥和。
举起善旗和善一堂，
善开正道悟法归原。

谁都曾记得儿时的作文上写下过这样的语句：“用我们的双手为这世界添砖加瓦，贡献力量。”人，因为使用工具而脱离了自然规律的束缚；手，从此成为人最重要的器官之一。纺织、挥锄、打字、掌勺、运球、缝补、抚琴而歌、举杯而饮……这些关于手的动作，构成了我们一天又一天的生活，推动着社会的变迁。正是因为人人都有一双手，它显得又太过普通，功劳特别往往被平凡所掩盖。以致很多人忽视了，如同世间没有两片相同的树叶，世间同样不会有长的一样的两只手，就连摊开自己的双手，左边和右边也不尽相同。

正念的思维在双手间孕育，生活中正是因为没有完美无瑕，才需要我们全情付出，生活中手与手的相遇可以是自己碰撞，更可以成为温馨的奇迹。

有这样一个感人的故事，让我们共同走进“双手”的世界，感悟那份正念的感动，他们为了给予别人真诚的赞叹，两只手相遇了，碰撞出的是发自心底的喝彩。杰米·杜兰特是20世纪的伟大艺人之一。他曾被邀参加一场慰劳退伍军人的表演，但他告诉邀请单位自己行程很紧凑，连几分钟也抽不出来，不过假如让他做一段独白，然后马上离开赶赴另一场表演的话，他愿意参加。当然，安排表演的负责人欣然同意。当杰米走到台上，有趣的事发生了。他做完了独白，并没有立刻离开，掌声愈来愈响，他没有离去。他连续表演了15分钟、20分钟、30分钟，最后，终于鞠躬下台。

后台的人拦住他，问道：“我以为你只表演几分钟哩。怎么回事？”

杰米回答：“我本打算离开，但我可以让你明白我为何留下，你看看第一排的观众便会明白。”

原来第一排坐着两个男人，二人均在战争中失去了一只手。一个人失去左手，另一个则失去右手。但他们互相配合，用各自的一只手有节奏地击打对方的手，他们拍得既开心又响亮。

月亮妹妹：

还记得这样一句话：两只手的相遇，让灵魂安定。从古至今，手早已超出了作为人体器官“手”的原本意义，成为情感交融的通道。当遇到困难时，朋友们伸出的援手，是最温暖的呵护；情之所至时，一个牵手，拉开了从“朋友”到“恋人”的序幕；共同欢腾时，手臂的挥舞，让喜庆的气氛蔓延。看着自己的手，想到了世界那些独特的手，传递的都是人间最真挚的情感，震撼着人的灵魂。一双手体现的是一种生活的态度，融入的是一份信念的美好。

从一个小学生的画中让我们看到了善念的可贵，更使我们感受到了付出的宝贵，更让我们从中体悟到神圣职业的感动。

有这么一位教师要求他所教的全班小学生画下最让他们感激的东西。她心想能使这些穷人家的孩子心生感激的事物一定不多，她猜他们多半会画上烤火鸡和其他食物。当看见其中一个小男生的图画时，她十分惊讶，那是以童稚的笔法画成的一只手。谁的手？全班都被这只抽象的手吸引住了。“哦，那是给我们食物的手。”一个孩子说。“一位农夫的手。”另一个孩子说。到全班都安静下来，继续做各人的事时，老师才走过去问这个小男生，那到底是谁的手。“老师，那是您的手。”孩子低声说，“您用手教给我们知识，您用手牵着我们散步，我想这是我最感激的东西。”

看到这个故事的时候我的心被融化了，被善的情感融化，被付出的收获感动。

太阳哥哥：

古语如是说：“积善之家，必有余庆；积不善之家，必余殃。”行善是心底对他人的热爱，行善是内心对自己的考量，行善更是对社会的感恩。中国古代的袁了凡先生就用自己的行善义举成就了家事、国事兴旺的美谈。

当年了凡先生在宝坻县当县长时，非常注重人民的福利，常常想做些有利地方的事情；宝坻县时常水灾泛滥，了凡先生于是积极兴办水利，将三汊河疏通，筑堤防以抵挡水患侵袭；并且教导百姓沿着海岸种植柳树。每当海水泛滥，夹带沙土冲上岸时，遇到柳树就积挡下来，久而久之变成一道堤防。他鼓励百姓耕种，使得百姓安居乐业。了凡先生家里并不富有，家居生活俭朴，却乐善好施。我们动一个善念，利益别人，利益社会，利益众生，果报是福。我们动一个恶念，损人利已，果报是凶、是灾祸。一个人一生的吉凶祸福是自己起心动念、言语造作的果报，所以说“命由我作”、“命自我立”。了凡先生是一个真正明白通达的人，他用自己的一生验证这一事实，无论遭遇什么样横逆不善的环境，绝对不怨天尤人；反过来怪自己；我自己造的不善，才受这种苦报。明白了之后，福要自己去求。怎么求法？唯一的方法是改过迁善，弃恶扬善。

正如古人所说，凡一切有济于人、有利于物者，不论事之巨细、身之忙闲、人之知不知、力之继不继，皆欢喜行持，委屈成就而后止。(凡是一切有利于人的事情，不管事情大小、有没有空闲，别人知不知道，力量够不够，他就认定一个善字，凡是善法他都乐于行持，想方设法做好为止。

月亮妹妹：

生活中当我们渴望生命中出现贵人的时候，其实我们恰恰把心念用错了方向，当我们“心存善念，多做善事”之时，你就是自己生命中的贵人。请大家看看成功者善行的故事。

一天夜里，已经很晚了，一对年老的夫妻走进一家旅馆，他们想要一个房间。前台侍者回答说：“对不起，我们旅馆已经客满，一间房也没有了。”看着这对老人疲惫的神情，侍者又同情地说：“但是，让我来想想办法……”

后来，好心的侍者将老人引领到一个房间，说：“也许它不是最好的，但现在我只能做到这样了。”老人见眼前其实是一间整洁又干净的屋子，就愉快地住了下来。

第二天，当他们来到前台结账时，侍者却对他们说：“不用了，因为我只不过是把自己的房间借给你们住了一晚——祝你们旅途愉快！”原来如此。侍者自己就在前台值了一个通宵的夜班。

两位老人十分感动，说：“孩子，你是我们见过的最好的旅店经营人，你会得到报答的。”侍者笑了笑，说这算不了什么。

没想到有一天，侍者接到了一封信函，打开一看，里面有一张去纽约的单程机票并有简短附信，聘请他去做另一份工作。他来到纽约，按信中所标明的路线来到一个地方，抬眼一看，一座金碧辉煌的大酒店耸立在他的眼前。

原来，几个月前他接待的是一个有着亿万资产的富翁和他的妻子。他们为侍者买下了这座酒店，深信他会经营好这间酒店。

这就是全球赫赫有名的希尔顿饭店首任经理的传奇故事。

当遇到需要帮助的人的时候，你是否愿意停下来为他们想想办法？或许在不经意间，受帮助的不仅是别人，而且还有你自己——爱加上智慧原来是能够产生奇迹的。其实任何一次助人行为，都是完善自我、实现自我价值的机会，怎能不出于自愿？心存善念，多行善事。我们就是自己最重要的贵人。

众所周知，心存善念的人一定善良。善良，是一种人性美，一种道义美，一种良知美。记得法国著名作家罗曼·罗兰曾说过："灵魂最美的音乐是善良。"

让我们一起做个善良之人，让善良之正念

花朵处处开放。让我们一起用善良的法宝去破译生命自然的密码，让我们用善良之正念的钥匙去打开那些坚固紧锁的心门，让我们怀善良的心去做成人之美之事，让我们用善良的言行去温暖世界、改变世界、美化世界。

红尘中，每一个善念都是一泓清泉，每一个善举都是一缕春风。善良之处，便是春天。善良之人，愿小草的坚韧启迪正念永远与快乐相伴，与幸福相随。

向善是一种文明，也是一种光明。善良之举，需要人人拥有；善良之歌，需要人人唱和。让我们一起轻掬季风，淡挽流云，抚一弦清音；让幸福在平凡、平淡中盛开如兰；让善良之歌在红尘的原野里辗转悠长；让我们一起心存善良和大爱，微笑着，走过季节的轮回。

真心迸发间德在弘扬

太阳哥哥：

正念之间，总有一些真心的付出似钟鼓般响彻心灵原野，让中华之美德在弘扬；总有一些故事像时代的缩影，记录下欢声笑语，真实深远；总有一些仁人如不落的恒星，在天边最美的角落里闪耀着永久的光芒，神秘璀璨。

孔孟以“仁德”之正念伴随着岁月的更迭指引着文明的航船。

老庄以“无为而为”之正念谱写着人类理想与道德的篇章。

范仲淹以“先天下之忧而忧，后天下之乐而乐”的正念让厚德在闪耀。

雷锋用他“螺丝钉”的全心全意为人民服务的精神永写史册。

“德”无有地位的高下，无有身份的贵贱，只有一颗真心的付出。

人的一生中每一个人都期许幸福的来临，但幸福不是瓢泼大雨，快乐也不是毛毛细雨；幸福不在高官显位之中，快乐也不在万贯家财里。幸福快乐就在我们每个人的心中。当你拥有了一颗真情付出的心，就拥有了幸福！

让我们共同走进黄河慈善厨房来感受一下善德的温暖！

黄色鸭舌帽、长发、戴眼镜、一件印着“黄河慈善厨房”字样的蓝黑色T恤，这是托尼一贯的装扮。

每周一、三、五晚上十八点三十分，他都会出现在西安五星街教堂旁边的简易食堂。七年来，这个英国人免费请流浪汉喝粥吃包子，他的团队每个月提供的简餐超过两千份。

四十六岁的托尼曾任英国皇家海军电子工程师。他的偶像是圣雄甘地和特蕾莎修女。十年服役后，托尼开过金融公司和房屋中介公司。这位每天工作十六小时的工作狂在拥有了自己的庄园和跑车之后，厌倦了赚钱，也厌倦了朋友之间对物质生活的攀比。2002年，他不顾父母的反对，做出疯狂的决定：卖掉公司、房子、车，开始周游世界。

笃信佛教的托尼一直热衷慈善。他曾和朋友一起，在三年多的时间里给意大利、罗马尼亚的孩子捐赠了价值一千万元人民币的医疗器械与生活用品。街头的流浪者很多都认识托尼，对于有病或有困难的流浪者，托尼会主动询问并想办法给予帮助。

然而，托尼在2005年途经西安时，一位讨钱的乞丐改变了他的计划。那位六十多岁的老太太腿脚并不方便，但她一路跟着托尼，希望他能给些钱。

当时托尼并没有施舍，但他之后打坐时一直忘不了老人的眼神。第二天，他沿街找到了老人，提出请她吃饭，但被拒绝了。流浪者对于眼前这位老外不同旁人的举止疑虑重重。

之后，托尼开始打听西安的流浪者住在哪儿，他们在哪里吃饭，最终他决定留下来，为残疾人和无家可归者提供免费的餐饭。

2005 年 12 月 18 日，托尼和两位澳大利亚朋友、一位中国朋友走上街头，为流浪者派发食物。他们拖着箱子、背着水壶在繁华的钟楼附近寻觅，箱子里装着包子，水壶里装着粥。当时还只会一点中文的托尼依靠肢体语言，花了很长时间才打消了二十五个流浪者的疑虑，发完了第一批五十个包子。

慈善厨房的标志，就像一块石头投到水里，产生涟漪效应，志愿者都是被这样感染而来的。

七年来，慈善厨房的管理者从托尼一个人发展到几个人，已经注册的志愿者也达到三千名。

从这个故事中我们看到的不仅是德观古今，同样德观中西，文明是相通，正念是没有分别、没有国界的。

月亮妹妹：

德能的付出在于真心，真心的历练在于“心斋”，“心斋”是庄子在《人间世》中借由孔子回答颜回的问话而阐发出来的：“若一志，无听之以耳而听之以心，无听之以心而听之以气。听止于耳，心止于符。气也者，虚而待物者也。唯道集虚。虚者，心斋也。”心灵的斋戒，是向外求的回归，是心灵的内省，是回归生命的本源的探寻。心灵的斋戒在于放下执着的自我，在于拥有真心的奉献，这是不求回报的善德，这是无有索取的快乐。

放下并非自私，不是自我，不是吝啬，更不是无情无义，放下父母，闭目想想，那就是舍去了情中的亲疏，一切我都爱；放下了兄弟姐妹之情，获得的是所有人的血脉相连；只有放下，我们的心才可以不再疯狂得没有秩序地跳动，我们才会拥有一颗闪烁着清净光辉、充满慈爱的心灵，指引着我们回归心的故乡，去为了更多的人的幸福而快乐地奔忙。

放下是最自在的心斋，放下是最难以割舍后的如释重负，放下是最无情后的满载真情，放下是狂躁不安后的清静无为。放下是尽虚空遍宇宙的似曾拥有与无所拥有。

放下是正念对心灵的锻炼，是对真我的觉悟。给心减压，给心呼吸新鲜的空气，给心更自由的空间，给心一个格式化，不再复杂，回归本真。恰如儿童般的纯真而没有染浊，那份真情的流露才是最美的心念，才是最厚重的德能显现。

让我们斋戒心灵，回归童心的善良。

有这样一位单身女子刚搬了家，她发现隔壁住了一户并不富有的人家，一个寡妇与两个小孩子。

有天晚上，那一带忽然停了电，那位女子只好自己点起了蜡烛；没一会儿，忽然听到有人敲门，原来是隔壁邻居的小孩子，只见他紧张地问：阿姨，请问你家有蜡烛吗？女子心想：他们家竟穷到连蜡烛都没有吗？千万别借他们，免得被他们依赖了！于是，对孩子吼了一声说：“没有！”

正当她准备关上门时，那穷小孩展开关爱的笑容说：“我就知道你家一定没有！”说完，竟从怀里拿出两根蜡烛，边递出来边说：“妈妈跟我说你一个人住可能没有蜡烛，所以我带两根来送你。”这一刻女子的心里既自责又感动，她热泪盈眶地将那小孩子紧紧地拥在怀里。

蜡烛虽小，爱无限扩大；人之虽小，德无尽宽广。让我们不断地呵护每一个念头，让大爱、至善、厚德在每时每刻不断地闪现并毫无懊悔地去实现。

太阳哥哥：

共建和乐世界，引领心性回归。这是和谐社会的正念，在中华大地上感动中国的仁人之士让高山仰止，让万物垂腰。他们用最美的人格、动人的品格为善德画卷增添最感人的美景。

他们中有些人为国家、民族贡献出了全部青春甚至生命，更多的则是在看似波澜不惊的平凡生活中赢得了尊重。

当物欲的强光让人迷失，当财富与权力霸占一席之地，当社会的价值取向被影响……静下心来听一听他们的故事，他们用自己的生命热忱，让我们重拾感动与感激。

请让我们记住他们充满正能量的身影吧。

生活中有时一个心念的不同，可以出现与

众不同的世界。下面这个故事中的夫妻二人便验证了这个事实。

有一天老婆跟着老公回婆家，上车后却发现有位女士坐在他们其中的一个位子上，老公示意老婆先坐在她旁边的位子，却没有请这位女士让位。老婆仔细一看，发现这位女士右脚有一点不方便，才了解老公为何不请她让出位子。老公就这样从起点一直站到终点，从头到尾都没向这位女士表示这个位子是他的，下了车之后，老婆心疼地跟他说："让位是善行，是美德，路途这么远，你站这么久，大可中途请她把位子还给你，换你坐一下。"老公却说："人家不方便一辈子，我们就不方便这几小时而已。"听到老公这句话，老婆既惭愧又感动。

这位男子的话语一出，让我们感觉到世界都变得温柔了许多。心念一转，世界可能从此不同，人生中，每一件事情，都有转向的能力，就看我们怎么想，怎么转。我们不会在三分钟内成功，但也许只要花一分钟，生命从此不同，这就是正念的力量，和正念的坚韧。

亲爱的朋友们，让我们为自己那颗躁动的心找一个简单的地方吧，容纳下我们至爱、至善、厚德的心情，放飞我们充满阳光的梦想，让所有的人们一起幸福的欢笑，放下疑虑，拥有信任；释放爱心，获得纯净；生活中让我们共同为之努力，让灿烂的笑容洋溢，让和善之光朗照。

和善之音

缘起缘聚皆有因，
天上地下众善行。
弘扬正气得正果，
和合相聚和善园。
堂堂正正行正道，
正法传承续新篇。

第七章

清风的自在抒写正定

人生似清风般自在，淡定从容；人生应如红烛，燃烧至顶，始终光明。坚定的目标在不抛弃不放弃的定力中成就，笃定的信仰在不舍离不逃离的定力中辉煌。

甲午仲夏
金泽
田玉美书

矢志不渝的定力是永不凋谢的玫瑰，无论身处逆境，也依然扬帆远航；轻松自在的定力是蕴藏在心中的一团永不熄灭的火焰，成为人生理想最永恒的护航使者。正如郑板桥诗中所说："咬定青山不放松，立根原在破岩中。千磨万击还坚劲，任尔东西南北风。"

定境的优雅如品茶般弥香

月亮妹妹：

品茶的境界是慢的时光流淌，茶滴滴入口入心，品在当下，心勿散乱，茶味真切真实。心也幽静，人亦安然。心定了，神清了，人静了，禅意皆在。感受呼吸，感触时光，都在当下，不寄念于过去与未来！

人生之中拥有太多的忙碌与喧嚣，有时候我们要刻意放慢行进的脚步，让心灵歇歇脚，给心灵呼吸自然空气的自由。

正定的时光优雅了岁月，埋葬了沧桑，使一切在我们的内心不再迷茫，让心之方向更明朗，让志之情怀更纯净。它可以泯灭内心的浮躁，还原本有的单纯与宁静，有如那品茶时淡淡的弥香，萦绕在我们的心怀，沉醉在光阴曼妙里。

正定是心的茶汤，让心安详，让心回归本位，让我们享受单一的当下时光。

让我们在品茗茶香之余，解读那心灵的故事。

有一个男孩，脾气不太好，他父亲给了他一袋钉子。并且告诉他，每当他发脾气的时候就钉一个钉子在后院的围栏上。第一天，这个男孩钉下了三十七根钉子。慢慢地，每天钉下的钉子数量减少了，他发现控制自己的脾气要比钉下那些钉子容易。于是，有一天，这个男孩再也不会失去耐性，乱发脾气。他告诉父亲这件事情。父亲又说，现在开始每当他能控制自己脾气的时候，就拔出一根钉子。一天天过去了，最后男孩告诉他的父亲，他终于把所有钉子给拔出来了。

父亲握着他的手，来到后院说："你做得很好，我的好孩子，但是看看那些围栏上的洞。这些围栏将永远不能恢复到从前的样子。你生气的时候说的话就像这些钉子一样留下疤痕。如果你拿刀子捅别人一刀，管你说了多少次对不起，那个伤口将永远存在。话语的伤痛就像真实的伤痛一样令人无法承受。"

人与人之间常常因为一些无法释怀的僵持，而造成永远的伤害。如果我们都能从自己做起，开始宽容地看待他人，相信你一定能收到许多意想不到的结果。为别人开启一扇窗，也就是让自己看到更完整的天空。

这些美好的心态都来源于正定的培养，是它让我们充满热爱，是它让我们阅读自心，是它让我们享受当下的快乐。

太阳哥哥：

正定是炼心的过程，在生活的瞬间中我们可以静下来体味，在事物的发展中我们可以跟随思考，定力的增强，我们的心力随之强大，我们的品格更加的豁达与清静。

让我们一起来看一个关于定力的故事，定力的有无取得的成果差异迥然不同。

传说有两个人与神仙邂逅，神仙授他们酿酒之法，叫他们选端阳那天饱满起来的米，冰雪初融时高山流泉的水，调和了，注入深幽无人处千年紫砂土铸成的陶瓮，再用初夏第一张看见朝阳的新荷覆紧，密闭七七四十九天，直到鸡叫三遍后方可启封。像每一个传说里的英雄一样，他们历尽千辛万苦，找齐了所有的材料，把梦想一起调和密封，然后潜心等待那个时刻。

多么漫长的等待啊。第四十九天到了，两人整夜都不能寐，等着鸡鸣的声音。远远地，传来了第一声鸡鸣，过了很久，依稀响起了第二声。第三遍鸡鸣到底什么时候才会来？其中一个再也忍不住了，他打开了他的陶瓮，惊呆了，里面的一汪水，像醋一样酸。大错已经铸成，不可挽回，他失望地把它洒在了地上。

而另外一个，虽然也是按捺不住想要伸手，却还是咬着牙，坚持到了三遍鸡鸣响彻天光。多么甘甜清澈的酒啊！只是多等了一刻而已。从此，“酒”与“洒”的区别，就只在那看似非常普通的一横。

许多成功者，他们与失败者的区别，往往不是机遇或是更聪明的头脑，只在于成功者多了一份定力。坚持了一刻——有时是一年，有时是一天，有时，仅仅只是一遍鸡鸣。天顺其然，地顺其性，人随其变。凡事顺其自然，就像春华之后，瓜熟蒂落；就像功到之后，水到渠成。

多一份定力，多一份坚持；多一份坚持，多一份成功的机会。这就是人生，这就是生活。

月亮妹妹：

生活在定境的拥有中让我们品味到了幸福，这是每一个人所渴望营造的。当我们拥有了慢点时光，悠然定下来的时候，我们便拥有了幸福的模样。

幸福的模样是脸上的笑容，心里流淌的甜意，是雨中的一把伞，是寒风中的一袭衣，是冬日里的一床被，不必大张声势，却已经暖化了我们的心房。

幸福的模样是群处时守住嘴，独处时守住心，是正定中的立身处世。

幸福的模样是与别人相处时，言语的朴素，

道理的深刻，内心的不张扬。

拥有正定的情怀我的心犹如大地的沉默，孕育着金秋的收获；犹如雄鹰的沉默，等待着振翅的高飞；犹如严冬的沉默，集结着姹紫嫣红的春天。

拥有了正定的襟怀，我们为成功者鼓掌喝彩，赞叹他们的甘于沉寂、甘于缄默。正所谓大器晚成，大音希声，不鸣则已，一鸣惊人，没有这些坚固的定力，他们何来今朝的收获。

正定的情怀是一种品质，是一种修养，是对自己的苛刻约束，是对自己意志的严峻考验，是不卑不亢的坚持和忍耐。

正定的情怀是一种由内而外散发出来的美，这美让我们游历古今，畅想未来；这美让我们潇洒自在，生命无碍。让我们携带一颗正定之心，欣赏美之礼赞。

正定之美

美，似由蛮荒走来的彪悍男子，伸展着充满豪情的臂膀，从祖先的胸中涌出，伴着粗犷的节奏，引领着人类对英雄美的崇拜。尧舜禹用禅让的英明睿智之舞，跳出了中华民族不朽的民主之光，光照千古；秦王始皇帝用一统山河的帝王之舞，舞动出后世子孙对江山万世传承的渴望与实证。炎黄子孙已不仅仅是个称呼，它是我们对美的壮举的尽情挥舞。

美，似婀娜的少女，伸展着曼妙的身姿，用心中的慈爱点染长袖，轻拂着沧桑饥渴的大地，让智慧的花朵纷纷飘落，让文明的长河涓涓流淌；舞动出中华民族景仰的文化使者——孔子，衍圣公用“仁”美的思想舞出豁达的心胸，舞出心灵对自由和爱的眷恋与追求，舞者的身影世代传扬，舞动着龙的航船扬帆浩荡。

定境的洒脱如挥毫般畅快

太阳哥哥：

定境带给我们的洒脱让我们内心中时时产生美妙的风景。人生处处皆风景，高山流水是意境的美，瀑布急流是听觉的美，朝霞满天是视觉的美，而人心平定不失温和、不失温柔、不失力量、不失魅力是内心的美。

内心的安定可以让我们获得更大的幸福与

快乐，如挥毫泼墨般的畅快与自在。

这则禅宗的故事就说明了这一点。

圆新禅师和仰山禅师坐在一起谈话。说到了这样一件事。

有一次，明慧禅师云游到志远禅师那里，志远禅师看到明慧禅师，便把禅杖横过去挡住门。明慧禅师用手敲打了禅杖三下，然后就在禅堂的首座位置坐下。志远禅师见此情形，很不高兴地说道："凡是行脚云游的学僧，在谒见寺院禅主时，都要按照一定的参学规矩，行宾主之礼，你怎么连这点基本的礼仪都不懂？"

明慧禅师诚恳地答道："我不知道老禅师您在说什么？我敲打禅杖三下，不是早就跟您行过礼了吗？"

志远禅师听后，更加不悦，刚要开口，明慧禅师就动手用禅杖打志远禅师。

志远禅师若有所悟，但明慧禅师却又忽然说道："我今天不方便！"志远禅师顺手一掌打去，说："我倒很方便！"

奇怪的是，明慧禅师挨了一掌，反而哈哈大笑道："的确不错！我们今天不方便遇到了方便！"

后来，圆新禅师就问仰山禅师道：“这两位前辈的对话，到底哪一个占了上风？”

仰山禅师回答道：“占上风者上风，居下风者下风！”

此话一出，旁边的座主不以为然地说道：“占上风者未必上风，居下风者也未必下风，上风何在？下风又何在？”

仰山禅师和圆新禅师不约而同地说道：“正如座主所说，无风起浪！”

生活中的我们无论处在上风也好，下风也罢，其实都是内心的作用。如果让自己的心得到平静，那就无所谓有风无风，上风下风了。而在无风的当下我们就会得到平静的喜悦和知足的快乐。

月亮妹妹：

正定带给人的满足感，可以使我们在人生的奋斗中更加的安然与和乐。一个知足的人，能“以无为有，以退为进，以众为我，以空为乐”，不比较、不计较，不悲不恼，山河大地、宇宙星辰、花开花谢、鸟啼虫鸣……这一切莫不为其所有，这是一个真正快乐富有的人。也正如孔子的弟子颜回，“居陋巷，一箪食，一瓢饮，人不堪其忧，回也不改其乐”；佛陀的弟子大迦叶，在山林水边间，过着头陀苦行的生活，却乐此不疲，不以为苦。

有的人可以洒脱活出自己的精彩，那是不羁的狂妄，是自由的最大释放。

西汉司马迁少年时就涉猎群书，立志继承父业。正当他撰写的《史记》进展顺利的时候，“李陵事件”的牵连，使他遭受宫刑。面对这奇耻大辱，他不是叹息、沉沦，而是锐意进取，“幽而发愤”，他含冤蒙垢数十年，终于写出了“通古今之变，成一家之言”的《史记》，流芳后世。

世界无产阶级革命运动导师马克思为著《资本论》花了四十多年的时间，在大英博物馆翻阅了大量的资料，他所坐的位子下水泥地上竟磨掉了一层水泥。通过不懈的努力，马克思终于著成了全世界无产者所需的《资本论》。

从他们的身上我们体验到了堂堂正正人生中的这份淡定与执着，他们内心拥有的淡定从容的心境让我们感受到了一种博大的胸怀，是一种崇高的美德。

这份淡定从容不是心性急躁、争强好胜；

而是天地广大宽阔，无私容纳万物。他们能在喧哗的人群中保持清醒的头脑，清楚地认识自己的使命，客观地评价他人的责任。睿智的人，才知道定才是真的道理，只有放下浮躁，才能取得心的平和。淡定从容是一种智慧的沉淀，是一种经历的累积，是为人的最高境界。

无论何时何地，对他人过失，心怀宽容；对他人苦难，心怀怜悯，对天地心怀敬畏，对万物心怀谦恭。心态从容，不疾言厉色，心平气和，春风化雨，润物无声；“行到水尽处，坐看云起时”。人生，需要一颗安静的心，一份淡然的超越，一份从容和淡定。

古往今来，圣哲先贤、仁人志士用自己的思想和品德行为对“正定从容”作了很好的诠释。屈原的“九死不悔”；孟轲的“富贵不能淫，贫贱不能移,威武不能屈”；陶渊明的“归去来兮”；文天祥的“人生自古谁无死，留取丹心照汗青”；林则徐的“海纳百川，有容乃大；壁立千仞，无欲则刚”；毛泽东的“敌军围困万千重，我自岿然不动”、“不管风吹浪打，胜似闲庭信步”；“暮色苍茫看劲松，乱云飞渡仍从容”等等都不失为在定力中抒写从容的华章。

太阳哥哥：

前几天我在网上看到下面这段话颇有感触，也请我们大家一起来深思一下这其中的问题。

一个不会游泳的人，老换游泳池是不能解决问题的；

一个不会做事的人，老换工作是解决不了自己的能力的；

一个不懂经营爱情的人，老换男女朋友是解决不了问题的；

一个不懂经营家庭的人，怎么换爱人都解决不了问题；

一个不学习的老板，绝对不会持续的成功；

一个不懂正确养生的人，药吃得再多，医院设备再好，都是解决不了问题的。

这几句简单的话语，道出了心性不定的后果，同时也表明人生中多变的一颗心缺乏恒定之时，失去的太多，要想获得人生的收获，唯有内心充实，拥有定力的人才可以获得。

下面我给大家讲一个我从《福建博士风采》中学习来的故事吧，故事的主人公不是别人，就是叱咤风云的国家领袖习近平，故事讲述的是他在福建工作时，对自己青年时走过的人生历程的回忆，同时更让国人赞叹的是习主席的夫人——一个万人瞩目的歌唱艺术家，因为对生活的热爱，对事业的忠诚，对家庭的珍爱使他们以一颗正定之心来面对一切，他们不仅拥有普通人渴望的幸福家庭生活，还拥有了彼此热爱的事业。

在他们的故事中融入了：坚定、忠诚、踏实、低调、奋进的品格，这就是习近平和夫人彭丽媛的传奇故事。

习主席1969年从北京到陕北的延川县文安驿公社梁家河大队插队落户，七年上山下乡的艰苦生活对他的锻炼很大。正如他自己所讲的“最大的收获有两点：一是让我懂得了什么叫实际，什么叫实事求是，什么叫群众，这是让我获益终生的东西。二是培养了我的自信心。记得父亲要求我们从小就要做讲团结和善于团结的人。走上社会后，对这一点的体会就更深刻了。我感到凡事团结处理得好，工作就能做得比较好；如团结处理不好，凡事就做不好。特别是当年上山下乡到陕北，远在千里之外，举目无亲，靠的就是团结。”

习近平那时一边当着村干部，一边总渴望着有机会能上学深造。那时候报考大学，他填写的志愿都是清华大学，清华大学有两个名额在延安地区，一个分给延川县。经过多方面的曲折，他终于踏进了清华园。上山下乡中对学习的渴望，使他与清华大学结下了读书缘。从政近二十年后，他读在职博士研究生也是在清华大学读的，学的是马克思主义与思想政治教育专业。

正如习近平自己所说:“当年，我结合实践，对中国农村市场化建设，农村摆脱贫困，福建山海联动发展，现代农业理论与实践，福建省发达地区率先基本实现农业现代化，社会主义市场经济和马克思主义经济学的发展与完善，农村市场化建设与中国加入WTO等进行系列研究，著书并发表文章。

“上山下乡的经历使我对基层有了深刻的了解，作出了再下基层的选择。基层离群众最近，最能磨练人。有了上山下乡的经历，我对再下基层充满信心，并义无反顾地下去了。上山下乡的经历，使我增进了对基层群众的感情。对于我们共产党人来说，老百姓是我们的衣食父母，我们必须牢记全心全意为人民服务的宗旨。要时刻牢记自己是人民的公仆，时刻将人民群众的衣食冷暖放在心上，把‘人民拥护不拥护，人民赞成不赞成，人民高兴不高兴，人民答应不答应’作为想问题，干事业的出发点和落脚点，像爱自己的父母那样爱老百姓，为老百姓谋利益，带着老百姓奔好日子，绝不能高高在上，鱼肉百姓，这是我们共产党与那些反动统治者的根本区别。上山下乡的经历对我的影响是相当深的，使我形成了脚踏实地、自强不息的品格。脚踏在大地上，置身于人民群众中，会使人感到非常踏实，很有力量；基层的艰苦生活，能够磨练一个人的意志。而后无论遇到什么困难，只要想起在那艰难困苦的条件下还能干事，就有一股遇到任何事情都勇于挑战的勇气，什么事情都不信邪，都能处变不惊，克难而进。”

提到习近平，不得不提起他的夫人彭丽媛，这对夫妻，一个是中国的政坛新星，一个是中国久负盛名的少将歌唱家。两人的爱情故事一直是大家津津乐道的话题，他们组成的家庭会是怎样的呢？

下面转自2007年10月5日的《湛江晚报》，

原标题为《彭丽媛谈幸福家庭生活》的一篇文章。二十余年的舞台生涯，彭丽媛为什么总是光彩照人，有什么秘诀？她坦言道：“这跟我的家庭有关，如果我的婚姻不幸福，心有磨难的话，我能有这个光彩留给大家吗？”对于事业和家庭，彭丽媛的态度很鲜明：“一个女人，事业和家庭都很重要。若叫我为事业，不要家庭、不要孩子，我觉得不可以理解。家庭是女人的靠山，是平静的港湾。我的家庭，同所有老百姓一样，是一个普遍的家庭，是一个幸福的家庭。”

彭丽媛原以为自己熟悉农村生活，吃过不少苦。可未想到，习近平经历过的生活比她更苦。很多人认为，作为高干子弟的习近平身上却有一种“平民情怀”，这或许与他的经历有关。有的人朝夕相见相知甚浅，有的人初见一面就相见恨晚。彭丽媛和习近平就属于后者。

彭丽媛说：“事业搞好了，家庭才能搞好，两者相辅相成。”谈历史，谈现在，谈中国，谈国外，谈生活，谈追求。这是他们夫妻增进感情的纽带，同时也是共同的志向。

彭丽媛不仅深深地理解和支持自己的丈夫，在生活上也总是尽可能地给予他无微不至的关怀和体贴。

历经风雨方为夫妻，坚定不移才能拥有。从他们的故事中我们深深地感悟到，无论身处什么位置，拥有多大的成就，都要拥有一颗正定之心，拥有持之以恒的精神，同时内心充满对祖国和人民的热爱。

唯有拥有定力的内心才可以收获更多的财富，这财富是物质与金钱的统一，是内心充盈的美的绽放。让我们共同领略这美的盛景，让心安定而祥和。

唯有拥有定力的内心才可以收获更多的财富，这财富是物质与金钱的统一，是内心充盈的美的绽放。

让我们共同领略这美的盛景，让心安定而祥和。

淡定之美

美，似刚落地的娃娃，用不够熟练蹒跚的舞步，充满纯净地舞出文明的先驱们的满腔人生豪情。他们用生命的精灵演绎美的旋律，抒写出“世人皆浊，唯我独清”的冷静；唱响了“人生自古谁无死，留取丹心照汗青”的壮志；

呐喊出“苟利国家生死以，岂因祸福避趋之”的忠诚；奉献着“先天下之忧而忧，后天下之乐而乐”的快慰与热诚。

美，就是母亲的爱抚，从心底涌动的无私的爱的舞者，舞姿中洋溢着母亲的叮咛与嘱托，凝聚着母亲的牵挂与怜爱，飘洒着母亲殷殷的期盼与全部的爱的奉献。母亲的唠叨是美的舞者细碎的脚步，母亲的牵挂是美的舞者深情的凝眸，母亲盼儿归的独白是舞者不懈的灵动的旋转，永无止境。

定境的持久如行走般坚定

太阳哥哥：

坚持才能将弱点转化为力量。比尔·盖茨说：“无论遇到什么不公平——不管它是先天的缺陷还是后天的挫折，都不要怜惜自己，而要咬紧牙关挺住，然后像狮子一样勇猛向前。”

下面这两只钟表的对话，传递给我们一份持久的定力的可贵：只要拥有一份定力，再难的事情也会迎刃而解。

一只重新装好的小钟，放在两只旧钟当中，两只旧钟“滴答”“滴答”一分一秒地走着。其中一只旧钟对小钟说：“来吧，你也该工作了”。小钟顿时恐慌不已，“天哪，十三多亿次！我要做这么大的事？我办不到，办不到。”

另一只旧钟说：“你别听它胡说。你只要每秒“滴答”一下就行了。”

“天下哪有这么简单的事？”小钟将信将疑，如果是这样，那我就试试吧。”小钟很轻松地每秒“滴答”摆一下。不知不觉中，一年过去了，它果然摆了13200万次。

小小的故事启迪着我们，生命的长河中，当下无论从事什么样的工作，只要努力去做，无论是丰功伟业，还是平凡小事都孕育着成功后的伟大，选定一个目标，持久地坚持下去，成功原本就这么简单。

生命，就是在不断的经历中完美，在释怀后的静怡中解脱，在慢慢的回味中懂得。

风舞落叶的日子，珍重一份别离；春暖花开的季节，珍爱那份执热；把生命的完美写入岁月的篇章，让人生的精彩染入每一个路过的季节……

这就是生活，这就是人生的真实所在。正气凛然，而又豪情满怀。

内心不浮躁，不张狂，不急功近利，不哗众取宠。勤勉当中，张弛有度，坚韧不拔，把握当下。唯有从容不迫，在苦难来临时，方能处变不惊，镇定自若；唯有不怨天尤人，敢于担当，不回避，不妥协，方能万事顺应，踏浪前行。

人生漫漫，何必每天都风尘仆仆，行色匆匆。遇到好看的风景，不妨驻足欣赏，一旦错过，也许我们错过的不只是一个春天，而是我们整整一生的光阴。

月亮妹妹：

在茫茫的宇宙中，人类何其渺小；在漫漫的历史长河中，我们有时那么的微乎其微。一个人赤条条来到人间，原本就一无所有。名誉、财富、权势这般俗物，原本也就身外之物，生不带来，死不带去，何必怜惜。拥有这份定境，身心安然。

当你在一片哭声里，撒手西去，什么功名，什么利禄，什么学识，什么财富，取之于人间，必将一一归还人间。生前纵然赢得千世功名如何？纵然富甲天下，江山归我，又能如何？依然是生于尘土，归于尘土。看清这些，内心一片祥和。

曾几何时，我行走于天坛的红墙绿树间，思绪绵绵，远处传来一首歌《陪你一起去看草原》，迎着歌声我为歌者送上祝福，与之合影赞叹他美妙的歌声，人与人的距离在刹那间变近了，生活的快乐来自于低起点的满足感，满足与幸福紧密相连。

立足于天坛红墙蓝瓦间，昔日帝王的辉煌也阻挡不了岁月的变迁。天地孕万物，承载万物，无论岁月如何流淌，天地陪伴众生前行；无论渺小与伟大，天同覆、地同载。天地之爱没有贫富贵贱之分，修行的魅力也似天地般有容乃大。此情此景，于眼前翩然飘过，心内明朗至极，万物有形，皆为考量我们一颗心是否恒定、持久而坚韧不拔。

太阳哥哥：

人生的定力更在于“心系一处”，没有坚强的韧性、持续的耐力，很难实现目标。世界著名的物理学家丁肇中先生，仅用五年多时间就获得了物理、数学双学士和物理学博士学位，并于1976年在他四十岁时就获得了诺贝尔物理学奖。丁先生说：“与物理无关的事情我从来不参与。”事实的确如此。他是麻省理工学院咨询委员会成员，但几十年来他仅参加过两三次咨询会议，他的精神集中在科学上，集中在探索宇宙的奥秘上。很多人都认为他是一个天才，但丁肇中认为“绝对不是，我最大的特点是比较专心”。他在实验室里做实验，有时候接连四五天不睡觉，他的专心致志使得他的实验获得成功。在这个越来越喧哗的世界里，我们的目光常常被五光十色、光怪陆离的景色所吸引，能守住内心的一片宁静的确不易。

“蚓无爪牙之利，筋骨之强，上食埃土，下饮黄泉，用心一也。”能够做到“心系一处”是一种智慧。这种智慧不是一意孤行的固执，而是繁华过后的觉醒；不是缺乏思想的单纯，而是一种去繁就简的境界。试想，一个人的一生即使活到八十岁，才仅仅有两万九千天，除去睡觉、吃饭等等闲杂时间，所剩的可用时间不多。倘若在这短短的一生之中再左顾右盼，走走停停，又会留下多少清晰的脚印呢？只有那些真正心无旁骛的人，才能够站在人生的高处。

倘若一个小孩子在小小的年龄，就懂得了专心致志、全神贯注，那么，可以说他已经找到了通向成功的大门。愚公矢志移山，终得天帝相助；达摩静坐参禅，石壁为之感化。在这里，“心系一处”变为一种无坚不摧的力量，任何艰难或者困苦，在它面前都会变得微不足道。是的，当你处在人生的低谷，“心系一处”会让你学会坚持，带给你重振雄风的希望；当你位于辉煌的巅峰，“心系一处”能带给你一份清凉，始终保持清醒的头脑。

月亮妹妹：

定力的获得来自内心的清净与智慧，如何让心拥有更多的正定的财富呢？下面，我们一起来进行一次“心房”的清扫工作，让心的空间更宽阔，让人之正道更笔直。

思考问题：我们是否做过这样的工作？

(1) 电脑使用一段时间，清理垃圾后，才能提升运行速度。

(2) 汽车行驶到一定里程必须要做保养，才能避免出现故障。

(3) 人饿了要吃饭，渴了要喝水，生病了要治疗，才能保持身体机能的正常运转。

(4) 每年过年的时候，人们都会大扫除，把家里彻底清扫一下，以干净清新的姿态迎接新的一年。

当我们回想这些问题时，我相信答案一定是肯定的。当你在清扫、收拾的时候，看着整理出来的一些废旧物品，打包起来居然是一堆堆的，是不是惊讶自己在过去一年内，竟然累积了那么多的东西？

人生又何尝不是如此！在人生路上，人们在不断地累积东西，诸如名誉、地位、财富、亲情、人际关系、健康、知识等等，这些东西是你应该积累的；但还有一些东西，诸如烦恼、忧愁、挫折、沮丧、嫉妒、消极压力等等，这些东西，是应该早就丢弃的，却未丢弃。长期积累，我们的情绪、心态如何能保持恒定的状态呢？这样的人生怎能不背负得越来越多呢？

乱而杂，杂而不定，不定而善变，善变而目标缺失导致失败。

我们每一个人都喜欢清扫过后焕然一新的房屋，在除掉家中的尘埃与污垢，把一切整理就绪之后，不仅仅环境变了，人的心情也变了，淡定而从容。

下面让我们共同来做一件更重要的事情：清扫心房。

在人生诸多关口，我们几乎随时随地都要做“清扫”：念书、就业、结婚、生子、换工作、退休……每一次转折，都迫使我们不得不“丢掉旧的自己，接纳新的自己”，把自己重新“扫”一遍。而太忙、太累是我们不扫的理由；无法面对全新的自我也是清扫时有所保留的理由。

生命里填塞的东西越少，就越能发挥潜能。生命的进行如同参加一次旅行。你可以列出清单，决定背包里该装些什么才能帮助你到达目的地，但是，记住，在每一次停泊时都要清理自己的口袋：什么该丢，什么该留，把更多的位置空出来，让自己活得更轻松，更自在，让自己的心绪更加持久是我们心房的工作，是人生的幸福答案。

时常清理自己的心房，多留出一些空间，好让宽容、善良等美德时时入驻，那时的人生就会与快乐、幸福拥抱，并成为永恒的朋友。

太阳哥哥：

人生的路上，正定的获得不仅需要时时为我们的心房清扫，同时拥有一颗知足而淡定的心并长久保持下去，也将会为我们带来安稳与快慰。中华文化中的古圣先贤无不是内心中拥有淡泊之操守，陶然自得之胸襟。知足就是他们富乐安稳之处，所以《佛遗教经》说："知足之人，虽卧地上，犹为安乐；不知足者，虽处天堂，亦不称意。"这份知足后的恒定就是生活中的正定，同时更是堂堂正正一辈子人生中最持久的生命源泉。

仔细思忖，人们对于这尘劳的世间，永远没有满足的时候，金钱有了一百想一千，有了一千想一万，名位做到县长想当省长，当了省长又想做部长。有这样一首不知足的歌，形容一个人"心无厌足"是非常恰当的。歌云：

终日忙忙只为饥，
才得饱来又思衣，
衣食两般皆具足，
房中又少美貌妻。

娶得娇妻并美妾，
出入无轿少马骑，
骡马成群轿已备，
田地不广用支虚。
买得良田千万顷，
又无官职被人欺，
七品五官皆嫌小，
四品三品仍嫌低。
一品当朝为宰相，
又想君王做一时，
心满意足为天子，
更望万世死无期。
种种妄想无止息，
一棺长盖抱憾归。

不知足的人，就是像这样生活在功名富贵永无满足的欲望里，苦恼地度过宝贵的人生。这样的人生何乐之有呢？正如智者所言：“不知足者，虽富而贫；知足之人，虽贫而富。”

人在生活的忙碌中忘记了关爱我们的心灵，我们要不断地叩问心灵，向母亲疼爱孩子一样，看看心灵是否累了，是不是渴了，是不是需要增加营养了，还是需要……

一辈子的人生中，我们要学会给心灵减压，给心灵吸氧，为心灵释放，拥有一颗空灵而有定力的心，那时快乐、健康、自在、平和将与心灵结伴同行……

面对纷繁复杂的社会，面对社会中的芸芸众生，面对现代文明带给人们的各种诱惑，其实静静地停留下忙碌的脚步，在树荫下小憩，问问自己将要去向何方，有时候我们自己都会有些茫然。原本的智者也有愚钝的瞬间，原本躁动的心灵也会拥有宁静的片刻。

生活中的物质享受带给人们的是现代化的文明病，生活中更多的精神追求带给人们的是不再叩问心灵的需求而只是满足一时的快乐需要。匆匆的脚步换来的是失去了简单的快乐，取而代之的是心底浓浓的各种欲望的膨胀。

现代文明的发达引领着人类走向一个个新时代，却有更多的人找不到心的方向，爱情不再有天长地久的美好期待，而习惯了曾经拥有的短暂的快乐；友情也失去了很多真实的质朴，夹杂了太多的功利元素。社会呼唤诚信，人人高喊真诚，但是仔细想想，我们付出时又是真正的无怨无悔吗？心灵的回答会很干脆，以一颗抱怨的心灵融入社会，社会回馈给你的一定是同等的乏味。一时的快感拥有不了永恒的快乐，一时的享乐带不来生生世世的幸福。简简单单的道理不再被人重视，重重累累的生活反而被捧上了尊贵的座位。

心灵的疲惫，无人理睬；身心的疲惫，无人关爱。生命的可贵，在于简单和对一切的不再执着。

那时的心灵才有空性的涌起，那时的生活才会最真最美。

心能察觉各种外象，但是心的本身并没有什么颜色或形状，这才是心的空性。

无论多么巨大或多么微小，每一个生命，对于自己的亲人子女或眷属都有慈悲心，就算一个心中充满仇恨的人，他也仍有很细微的慈爱之心来爱他的亲人，这就是慈悲的表现。

无论多么无明、愚痴，每一个生命都会保护自己，设法使自己免于饥渴、恐惧等逆境，这正是智慧的细微表现。

拥有一颗空灵的心，其实很难，但是培养一颗空灵而有定力的心，的确很好；它可以使浮华褪色，真实更加闪亮；可以使性情平和，身心更加清澈；可以使智慧开启，睿智更加勃发；可以使欲望之火不再熊熊燃烧，让心灵的绿洲生机盎然。

月亮妹妹：

人生渴望幸福，人生需要快乐，人生在面对百转千回的情景中一路从容，在于我们心的属性。我们要不断地给心灵礼赞，让它更加地坚定；我们更要给生命加油，让它充满美的动力。人生在美的誓言中行进，生命的力量将绽放异彩。

生命之美

美是心的舞者，心是美的领袖；心无染浊，美亦清净；心亦空旷，美亦高远；美在性空，心即净洁；净心为美，性空为丽，美丽人生心量犹如虚空一样浩大，心灵才会是光辉的，纯洁的心灵力量可以使美得到永恒。不要让心灵成为美的仆人，要让心灵做美最伟大的导师。

美，在于心！

让我们在美的心海中徜徉，当您忙碌了一天，稍有疲惫之时，我们一起静下心来，安抚一下躁动的心，倾听一下内心的独白，或许我们可以找到更多的心灵知音、伴侣、朋友乃至人生的同路人，让我们一起朝着心的方向前行……有伴的路总比独行更加温暖！

第八章

艳阳的温暖观照正命

漫漫人生路，或者踏着一路鲜花，或者伴着一路阳光，或者经历披荆斩棘，或者屡遭挫折磨难，但是我们用心念奠定基石，我们用勇气搭建桥梁，我们用坚持铺就道路，我们正步前行，走在人生路上。

心無掛礙
菩提本無樹明鏡亦非臺本來無一物何處惹塵埃 六祖慧能偈語
癸巳年孟秋月文祥書於京華

一辈子的人生，一辈子的情怀，一辈子的志向，一辈子的爱恋，一辈子的向往。堂堂正正的一辈子记录在了文明之初的蒙昧岁月中，沉淀在了汉唐的风采里，镌刻在了唐宋的诗篇内，书写在了康乾的盛世里，激荡在了共和国的史册中。

堂堂正正一辈子的人生孕育在向上、向下、向外、向内、向大家、向和、向恒的每一个当下里，它豁达着我们的心胸，观照着我们的自性，丰盈着我们的思想，勾勒着我们的人生。

向上看的人生一路昂扬

太阳哥哥：

生活中善于思考是获得成功的关键，向上看的人生态度，用通俗的话讲就是吃透上面，也就是领会好做事的一切精神，然后树立自己的志向与目标。向上者并非单指领导者，而是那些在我们人生路上一切高于我们的智者，乃至我们期望去实现的目标。只有这样的人生才会高远，成功才可以一路向前。

当你把追求放到自己的生命至高点上时。你就会觉得，什么困难都无法挡住你前进的步伐。喷泉的高度不会超过它的源头，一个人的成就绝不会超过自己的理想。因此，凡是要做大事的人，首先立志就要高，不要让小事、凡事绊住自己，影响自己，束缚和毁掉远大的前程。

命运的把握如《堂堂正正一辈子》一诗中贴心地告诉我们，“人在年少时，一定要立志”，立志当立天下志，求名当求万世名。

下面的两种不同的高度值得我们深思与感悟。

其中的一个故事是这样的。一位记者，曾问一个西北贫困地区放牛的孩子：“你放牛做什么？”“挣钱。”“挣钱做什么？”“娶媳妇。”“娶媳妇做什么？”

“生娃。”“生娃后再做什么？”“放牛。”

另外还有一个真实的故事。一个贫穷的农

夫，领着两个孩子放牛，弟弟望着天上飞过的大雁说：“我们要是像大雁那样会飞就好了。”父亲说：“只要想飞，就能飞上天！”兄弟俩都来学大雁飞，当然都没有飞起来。父亲对他们说：“你们还小，将来经过努力，你们一定能飞起来！”后来，他们果然飞上了蓝天，他们就是美国的莱特兄弟！

两个故事的主人公反差强烈的原因就是，他们的志向有着天壤之别。志向远大的人会产生出天赋神授一般的精神力量和旺盛斗志。失败与挫折、暂时的困境更能激发起他们潜在的巨大勇气，鼓励他们去克服困难，战胜自我，并最终取得成功。

中国也有这样一句话：“取乎上，得乎中；取乎堂堂正正一辈子中，得乎下。”这就是说：假如目标定得很高，取乎上，往往会得乎中；而当你把目标定得很一般，很容易完成，取乎中，却反而会得乎下了。

所以，命运的成功与否在于我们能否向上地一路昂扬。

向下看的人生一路坦荡

月亮妹妹：

人生向下望之时，在团队中是一种信任与理解，在国家中是一种体恤与包容。这是仁者的风范，是命之最大的运程。

这份向下可以给智者以好的眼光，拓宽事业的沃土，扬起新航船的风帆。

让我们随着智者的眼睛一起向下看，看看换个角度的人生有什么样的与众不同。

有一家电台邀请一位商界奇才做嘉宾主持，大家非常希望能听他谈谈成功之路。但他只是淡淡一笑，说："还是出个题考考大家吧。"

"某地发现了金矿，人们一窝蜂地拥去，然而一条大河挡住了必经之路。是你，会怎么办？"

有人说"绕道走"，也有人说"游过去"。

商界奇才含笑不语，最后他说："为什么非得去淘金，为什么不可以买一条船开展营运？"大家愕然。商界奇才说："那样的情况，就是宰得渡客只剩下一条短裤，他们也会心甘情愿的。因为，前面有金矿啊！"

一味向上地跟随寻找金矿也许空手而归，换个视角，改变方向，干他人不想干的，做他人不曾做的，这也是成功之道。命运给予我们的都是最美好的，困境在智者眼中，往往意味着一个更大的机遇。

向外看的人生豁然开朗

太阳哥哥:

同样的道理，不同的视角可以锁定生命的脚步，这种思维的模式似鼠标的箭头一样改变着不同的命运，打开着不同主页的人生风景。同样是砌墙的工人，在眼光的内外流动差别中成就着各自的事业，走完了不同的命运旅程。

三个工人在砌一堵墙。有人过来问：“你们在干什么？”第一个人没好气地说：“没看见吗？砌墙。”

第二个人抬头笑了笑，说：“我们在盖一幢高楼。”

第三个人边干边哼着歌曲，他的笑容很灿烂：“我们正在建设一个新城市。”

十年后，第一个人在另一个工地上砌墙；第二个人坐在办公室中画图纸，他成了工程师；第三个人呢，是前两个人的老板。你手头的平凡工作其实正是大事业的开始，能否意识到这一点是成功的关键。

三个砌墙的工人不同的态度和对自己不同的定位决定了未来的位置。永远不对自己的现状满意，永远向着更高的目标前进，你永远可以做得更好，一个人一旦满足于自己的现状，便失去了前进的动力，而在这个日益竞争激烈的社会，不前进就意味着后退。

正如一首歌中唱的：“外面的世界很精彩，外面的世界也很无奈。”我们如何能把握住外面世界的精神，摒弃纷扰的无奈，就是人生的胜利。

这个世界对那些知道自己要到哪里的人总是打开方便之门，你心中的目的地，永远在那里等待你的到来。

向内看的人生淡定晴朗

月亮妹妹：

我们都曾听到过这样一句话："境由心转，相由心生"，一切的根本在于我们拥有一颗什么样的心，向内看的人生让心中充满自信，让心性回归本真，让生命的方向更加明朗。

蜗牛与妈妈的对话，故事简单，却让我们看到了自身力量的强大。

小蜗牛问妈妈：为什么我们从生下来，就要背负这个又硬又重的壳呢？

妈妈：因为我们的身体没有骨骼的支撑，只能爬，又爬不快。所以要这个壳的保护！

小蜗牛：毛虫姊姊没有骨头，也爬不快，为什么她却不用背这个又硬又重的壳呢？

妈妈：因为毛虫姊姊能变成蝴蝶，天空会保护她啊。

小蜗牛：可是蚯蚓弟弟也没骨头爬不快，也不会变成蝴蝶，他为什么不背这个又硬又重的壳呢？

妈妈：因为蚯蚓弟弟会钻土，大地会保护他啊。

小蜗牛哭了起来：我们好可怜，天空不保护，大地也不保护。

蜗牛妈妈安慰他：所以我们有壳啊！我们不靠天，也不靠地，我们靠自己。

这份对自我的坚信，让我们看到了勇气的力量。这份勇气的力量同样流淌在哥伦布的胸膛。

哥伦布发现美洲后，许多人认为哥伦布只不过是凑巧看到，其他任何人只要有他的运气，都可以做到。于是，在一个盛大的宴会上，一位贵族向他发难道："哥伦布先生，我们谁都知道，美洲就在那儿，你不过是凑巧先上去了呗！如果是我们去也会发现的。"

面对责难，哥伦布不慌不乱，他灵机一动，拿起了桌上一个鸡蛋，对大家说："诸位先生女士们，你们谁能够把鸡蛋立在桌子上？请问你们谁能做到呢？"

大家跃跃欲试，却一个个败下阵来。哥伦布微微一笑，拿起鸡蛋，在桌上轻轻一磕，就把鸡蛋立在那儿。哥伦布随后说："是的，就这么简单。发现美洲确实不难，就像立起这个鸡蛋一样容易。但是，诸位，在我没有立起它之前，你们谁又做到了呢？”

勇气与创新是生命不息的源泉、不止的能量。而这能量唯有稳稳地掌握在自己的手中，它便会化作源源不绝的宝藏。

一次，去拜会一位事业上颇有成就的朋友，闲聊中谈起了命运。我问：“这个世界到底有没有命运？”他说：“当然有啊。”我再问：“命运究竟是怎么回事？既然命中注定，那奋斗又有什么用？”

他没有直接回答我的问题，但笑着抓起我的左手，说不妨先看看我的手相，帮我算算命。给我讲了一些生命线、爱情线、事业线等诸如此类的话之后，突然，他对我说：“把手伸好，照我的样子做一个动作。”他的动作是举起左手，慢慢地而且越来越紧地握起拳头。然后，他问：“握紧了没有？”我有些迷惑，答道：“握紧啦。”他又问：“那些命运线在哪里？”我机械地回答：“在我的手里呀。”他再追问：“请问，命运在哪里？”我如当头棒喝，恍然大悟：“命运在自己的手里！”

他很平静地继续说道：“不管别人怎么跟你说，不管算命先生们如何给你算，记住，命运在自己的手里，而不是在别人的嘴里！这就是命运。”

同样的道理也在另一个地方发生了。

在意大利的西西里岛上，住了一位大法师，传说他不但通晓天文、地理、虫、鱼、草、木，甚至还能为人卜卦，预测未来，甚至还相当准。有一位年轻人不相信有这种事，于是他决定去见一见这位大法师，并且要问他一些问题，看看可不可能把他难住，他抓了一只鸽子来到大法师的面前，然后就问道：“唉，法师，人人都说你无所不知，好哇，你现在看好，我手上这只鸽子是活的呢，还是死的呢？”大法师思索了一会，笑着回答说：“如果我说是活的，你就会用力把它给掐死，如果我说是死的，你就会松开手让它飞走。嘿，年轻人，是死是活，完全掌握在你自己的手上。请你把手张开，答案就出来了！”

每一个人生都有相同的精彩，但都有不同的经历，命运的路程中我们相依相伴同行。

向大家看的人生慈悲热肠

太阳哥哥：

仁德之人，志向高远，自利而利他，毫不彷徨。古圣先贤无一不向我们昭示这一亘古不变的真理。

任何事情在操作过程中往往是要打折扣的，因此，人必须有很高的志向，命运的路上才可以成就大业。

几千年前的一天，在渭水北岸，有位悠然垂钓的老人，一马车上的人问他："老先生钓到鱼了吗？"

老人回答说："什么有没有钓到？你问得未免太浅薄了，我是在想国家大事呢！钓一条小鱼就得意忘形，那只是小人的行径，而我要钓的鱼和他们的大不相同。"

这样的回答让车上的人马上下来，毕恭毕敬地对老者说："先生正是我梦寐以求的老师啊！随即在老人的背后深深地鞠躬。"

车上人就是周文王，而老人正是助周兴业八百年的姜太公。

凡夫俗子偶有小成就会得意忘形，好像已

经称霸天下一样。如果能像姜太公那样沉着冷静，志向高远，即便得不了天下，也能收获成功的人生。

向和看的人生齐聚一堂

月亮妹妹：

向和看的人生是发现自己的长处的一种乐观的态度，当生活中我们渴望成功之时，无疑就要付出心血和汗水，只有集中优选的，把所有的人事物的优势发挥出来，便可以扬长避短，发挥各自的优势，就会获得意想不到的成功。

就像我们大家都听说的这个“瞎子打灯笼”的故事一样，如果一味想到自己是盲人这个弱势，不重新改变思考的方法，一定不会收到利己利他的效果。

一个盲人到亲戚家做客，天黑后，他的亲戚好心为他点了个灯笼，说：“天晚了，路黑，你打个灯笼回家吧！”盲人火冒三丈地说：“你明明知道我是瞎子，还给我打个灯笼照路，不是嘲笑我吗？”他的亲戚说：“你想错了，我不是要嘲笑你，你在路上走，许多人也在路上走，你打着灯笼，别人可以看到你，既给别人带来了光明，也不会把你撞到了。”盲人一想，对呀！

其实生活中人人都有短处，但当我们避短之时以利他为重，眼前自然收获一片曙光。

太阳哥哥：

扬长避短，取人之长，补己之短实乃智者之举，我们捉住人生的长处尽情地释放时，生命的意义也在延长。

德国著名作家席勒曾经被送到斯图加特的军事学校学习外科医学，但他对医学根本不感兴趣。他热衷于文学创作。他私下里创作了第一部剧本——《抢劫者》。

学校管理得像监狱一样，这令他厌烦万分，而对作家职业的向往又令他饥渴异常，于是，他冒着可能节衣缩食的风险，开始在清冷的文字世界里遨游。他幸运地得到一位善良女士的帮助，并很快创作了两部伟大的戏剧。席勒也因此而成为不朽的人物。

席勒的经历告诉我们什么道理呢？“一个人只有从事自己感兴趣的工作，才能取得非凡的成就。”

爱因斯坦在20世纪50年代初曾收到一封信，信中邀请他去当以色列的总统。出乎人们意料的是，爱因斯坦竟然拒绝了。他说：“我整个一生都在同客观物质打交道，因而既缺乏天生的才智，也缺乏经验来处理行政事务及公正地对待别人，所以，本人不适合如此高官重任。”

美国作家马克·吐温曾经经商，第一次他从事打字机的投资，因受人欺骗，赔进去十九万美元；第二次办出版公司，因为是外行，不懂经营，又赔了十万美元。这两次不仅把自己多年心血换来的稿费赔了个精光，而且还欠了一屁股债。马克·吐温的妻子奥莉姬深知丈夫没有经商的才能，却有文学上的天赋，便帮助他鼓起勇气，振作精神，重新走创作之路。终于，马克·吐温很快摆脱了失败的痛苦，在文学创作上取得了辉煌的成就。

人生的诀窍就是经营自己的长处，这是因为经营自己的长处能给你的人生增值，经营自己的短处会使你的人生贬值。正如富兰克林所说：“宝贝放错了地方便是废物。”

一个人竭尽全力去做一件事而没有成功，并不意味着他做任何事情都无法成功。因为他可能选择了不合天性的职业，所以人生的路上我们要有所选择而前行。

活法

竞争的关键是特色
特色的核心是品牌
品牌的保障是文化
文化的源泉是历史
历史的传承是经典
经典的灵魂是因果
因果的定数是真理
真理的永恒是善德

向恒看的人生永不颓唐

月亮妹妹：

向恒看意味着人生当中，我们又多了一项使命，那就是传承永恒，让一切充满智慧、充满善德、充满仁爱的事物不断地传扬开去，激起人们生命中正的能量。

记得在一所大学里，有一堂哲学课给我留下了深刻的印象，至今记忆犹新。

那是期中考试后的一天，班里的一个同学因为各门功课都考得一塌糊涂，所以忧心忡忡，在哲学课上无精打采。他的异常引起了哲学教授的注意，教授把他从座位上叫了起来，请他回答问题。教授拿起一张纸扔到地上，请他回答：这张纸有几种命运？

也许是惊慌，也许是心不在焉，那位同学一时愣住好一会儿，他才回答：“扔到地上就变成了一张废纸，这就是它的命运。”教授显然并不满意他的回答。教授又当着大家的面在那张纸上踩了几脚，纸上印上了教授沾满灰尘和污垢的脚印，然后，教授又请这位同学回答这张纸片有几种命运。

“这下这张纸真的变成废纸了，还有什么用呢？”那个同学垂头丧气地说。

教授没有说话，捡起那张纸，把它撕成两半扔在地上，然后，心平气和地请那位同学再一次回答同样的问题。

学生们被教授的举动弄糊涂了，不知道他

到底要说什么。

那位同学也被弄糊涂了，他红着脸回答：“这下纯粹变成了一张废纸。”

教授不动声色地捡起撕成两半的纸，很快，就在上面画了一匹奔腾的骏马，而刚才踩下的脚印恰到好处地变成了骏马蹄下的原野。骏马充满了刚毅、坚定和张力，让人充满遐想。最后，教授举起画问那位同学：“现在请你回答，这张纸的命运是什么？”

那位同学的脸色明朗起来，干脆利落地回答：“您给一张废纸赋予了希望，使它有了价值。”教授脸上露出一丝笑容。很快，他又掏出打火机，点燃了那张画，一眨眼工夫，这张纸变成了灰烬。

最后教授说：“大家都看见了吧，起初并不起眼的一张纸片，我们以消极的态度去看待它，就会使它变得一文不值。我们再使纸片遭受更多的厄运，它的价值就会更小。如果我们放弃希望使它彻底毁灭，很显然，它就根本不可能有什么美感和价值了，但如果我们以积极的心态对待它，给它一些希望和力量，纸片就会起死回生。一张纸片是这样，一个人也一样啊。”

一张纸片可以变成废纸扔在地上，被我们踩来踩去，也可以作画写字，更可以折成纸飞机，飞得很高很高，让我们仰望。一张纸片尚且有多种命运，更何况我们呢？命运如同掌纹，弯弯曲曲，然而无论它怎样变化，永远都掌握在我们自己的手中。

这个故事深刻地告诉我们人生应这样度过：赋予它活力，给予它精神让它焕发异彩。

这也正如习近平讲话精神中所给我们诠释的人生一样，堂堂正正是我们的血脉和脊梁，是我们的能量和火焰，它点燃了生命的旅程一路奋进，永不颓唐，因为我们拥有无限的激情与向往。

人生一辈子，摆正位置最为关键，勇敢的斗志、奋发的精神、努力的进取都应以位置的确定为前提。只有这样我们的努力才会耀眼，我们的付出才会闪光。

让我们共同看看一块石头的位置吧。

一天，一个小和尚跑过来，请教禅师："师父，我人生最大的价值是什么呢？"禅师说："你到后花园搬一块大石头，拿到菜市场上去卖，假如有人问价，你不要讲话，只伸出两个指头；

假如他跟你还价，你不要卖，抱回来，师父告诉你，你人生最大的价值是什么。”

第二天一大早，小和尚抱块大石头，到菜市场上去卖。菜市场上人来人往，人们很好奇，一位家庭主妇走了过来，问：“石头多少钱卖呀？”小和尚伸出了两个指头，主妇说：“两元钱？”和尚摇摇头，家庭主妇说：“那么是二十元？好吧，好吧！我刚好拿回去压酸菜。”小和尚听到：“我的妈呀，一文不值的石头居然有人出二十元钱来买！我们山上有的是呢！”

于是，小和尚没有卖，乐呵呵地去见师父：“师父，今天有一位家庭主妇愿意出二十元买我的石头。师父，您现在可以告诉我，我人生最大的价值是什么了吗？”禅师说：“嗯，不急，你明天一早，再把这块石头拿到博物馆去，假如有人问价，你依然伸出两个指头；如果他还价，你不要卖，再抱回来，我们再谈。”

第二天早上，在博物馆里，一群好奇的人围观，窃窃私语：“一块普通的石头，有什么价值摆在博物馆里呢？”“既然这块石头摆在博物馆里，那一定有它的价值，只是我们还不知道而已。”这时，有一个人从人群中窜出来，冲着小和尚大声说："小和尚，你这块石头多少钱卖啊？"小和尚没出声，伸出两个指头，那个人说："两百元？"小和尚摇了摇头，那个人说："两千元就两千元吧，刚好我要用它雕刻一尊神像。"小和尚听到这里，倒退了一步，非常惊讶！

他依然遵照师父的嘱托，把这块石头抱回了山上，去见师傅："师父，今天有人要出两千元买我这块石头，这回您总要告诉我，我人生最大的价值是什么了吧？"禅师哈哈大笑说："你明天再把这块石头拿到古董店去卖，照例有人还价，你就把它抱回来。这一次，师父一定告诉你，你人生最大的价值是什么。"

第三天一早，小和尚又抱着那块大石头来到了古董店，依然有一些人围观，有一些人谈论："这是什么石头啊？在哪儿出土的呢？是哪个朝代的呀？是做什么用的呢？"终于有一个人过来问价："小和尚，你这块石头多少钱卖啊？"小和尚依然不声不语，伸出了两个指头。"两万元？"小和尚睁大眼睛，张大嘴巴，惊讶地大叫一声："啊？！"那位客人以为自己出价太低，气坏了小和尚，立刻纠正说："不！不！

不！我说错了，我是要给你二十万元！”

“二十万元！”小和尚听到这里，立刻抱起石头，飞奔回山上去见师父，气喘吁吁地说：“师父，师父，这下我们可发达了，今天的施主出价二十万元买我们的石头！现在您总可以告诉我，我人生最大的价值是什么了吧？”

禅师摸摸小和尚的头，慈爱地说：“孩子啊，你人生最大的价值就好像这块石头，如果你把自己摆在菜市场上，你就只值二十元钱；如果你把自己摆在博物馆里，你就值两千元；如果你把自己摆在古董店里，你值二十万元！平台不同，定位不同，人生的价值就会截然不同！”

这个故事是否启发了您对自己人生的思考？您将如何定位自己的人生呢？您准备把自己摆在怎样的人生拍卖场去拍卖呢？您又将为自己寻找一个怎样的人生舞台呢？

堂堂正正的人生是爱而不依恋的人生

堂堂正正一辈子的人生中，我们爱身边的一切人和事物，希望开心地度过每一天，希望幸福一直常伴随，当我们用这样的心去爱的时候，突然发现生活中出现了很多无名的烦恼和无奈，期待的美好人生变得负荷累累，人们之间反而多了些许的责备、怨恨、抱怨，甚至彼此之间的仇恨。堂堂正正的人生，纵横在横、竖、撇、捺的笔画中，辉煌在我们利己利人的奉献中，成就在我们志向的高远和心性的恒定中。

堂堂正正的人生，充满爱恋，这爱是拥有而非霸占；这爱就是舍，是人生的大爱，这爱构筑的人生才是爱而不依恋的人生，这样的人生才是堂堂正正的幸福人生。这人生的风景如此动人，当我们仰望蓝天的一刹那，欢喜心油然而生，因为有鸟儿的振翅高飞，因为它们带着我们的渴望在飞，所以我们赞叹并向往“天高任鸟飞”的辽远，更为心中燃起的这份慈悲而赞叹。我们俯视小草，激起对生命的真切理解，它那对大地的拳拳的赤子般的爱，让我们看到了生命的顽强与隐忍。

爱一切众生，才是真爱自己，平等地爱一切，才是远离烦恼快乐地生活。无需豪言壮语，无需彩绘描摹，生活其实很简单，让我们以堂堂正正的一辈子为人生留下朴实无华的影像，让我们在心中共同唱响领航五大洲的豪情，让和善中华傲然屹立于世界的东方。

领航

是什么力量引领着远航的巨舟，
是谁用思想握住众生灵魂之手，
四海风云奔涌倾听着心的呼唤，
我们立潮头驾驭着这沧海横流。
是什么话语道出了发展的要求，
是谁的声音催发生机响彻宇宙，
时代号角携手奏响和谐的音符，
我们引领风帆助众生壮志得酬。
让心性回归之使命领航五大洲，
把思想精魂注入无量生灵心头，
揽日月入胸怀大同世界更锦绣，
共建和乐数风流人物续写春秋。

第九章

长养正气　我们在一起

人生一辈子，堂堂正正为贵。穿越历史的光阴，游历今日的辉煌，祈愿明朝的伟业。我们感恩天、地、君、亲、师，我们领悟真、善、美、慧、德，唯有长养人之浩然正气，方能养正气于天地。泱泱国土，正气凝聚；世界大同，人类和善；慈悲无界，爱在一起！

正能量

戰鬥一生快樂一生
賀堂之正之一輩子一書出版發行
癸巳冬月吉日 和善堂

觀其人文化於天下
賀堂之正之一輩子出版發行
書

正

太阳哥哥：

燕子，我们和大家一起共同解读习主席的暖心寄语，共同走过人生的点点滴滴。到了最后，我更明明白白地弄清楚一件事——我们始终在一起。燕子你觉得呢？

月亮妹妹：

老师，燕子有同样的感受。老师，今天我们将要给《堂堂正正一辈子》一书收尾了，但是我们和所有的读者及所有关心我们的人始终不会分离，永远在一起，共同书写堂堂正正一辈子的人生。老师，今天我带您去一个地方——燕窝居，让我们在那里开启“在一起”的航程！

笑逐颜开享自在，欢欣鼓舞畅未来！

只见门前竹林掩映的一处房子外，有一个雅致的根雕，根雕随行就势，雕刻的是一个人的右手，这手看上去很小巧，但又很丰满，肉嘟嘟的，手的右侧木质的空间上雕刻着三个字“燕窝居”，冯老师看了看周围的环境，简单而清新，有乡野风情。不禁开怀笑起来！

太阳哥哥：

燕子，你今天又要为“堂堂正正一辈子”增加什么亮点啊？

月亮妹妹：

老师啊，今天您可要认真对待哦，一路上的考试等着您呢，我们一辈子的路上不就是要经历一次次的考试吗？哈哈，老师，准备好了吗？

太阳哥哥：

哈哈，燕子，我是有备而来，来者不惧，请开始吧！

月亮妹妹：

老师，第一个问题：“根雕上的手是谁的？”

太阳哥哥：

回答：“根雕上的手是燕子的，根雕上的手是我的，根雕上的手是大家的。”

月亮妹妹：

太喜欢您的答案了，手是仿照我的手的样子做的，所以是我的，手型是燕子的；燕子和老师人是两个人，心本不分离，在一起，所以手是老师的；人类拥有共同的祖先，缔造共同的文明，本没有彼此，从没有分别，所以手是大家的，我们永远在一起。

老师，我对您的答案解读得还满意吗？

太阳哥哥：

哈哈，燕子心我心也！我们之心乃大家之心也！燕子我可以过关进房间了吧，该接受下一个考试了！

月亮妹妹：

好的，老师，请接受下一个考试吧！请看：这里全都是根雕的作品，是中华文明的缩影，从女娲、伏羲到三皇五帝，从秦皇汉武、唐宗宋祖到康乾盛世，从中华民国到中华人民共和国，这是古老与现代的统一。老师这些根雕小作品，每一个作品中都有一个魂在，那就是我们的“中华魂”，这是我们中国人的“根”，这既是我们祖先的文明，又是我们的文明。

这些根雕中不仅有历史人物、历史故事、帝王将相、贤臣雅士、文化巨匠，同时还有人们耳熟能详的《弟子规》、《百孝篇》的一个个小故事的影子。

太阳哥哥：

老师，怎么样？这个小地方感觉如何啊？考试要开始了啊！

太阳哥哥：

哈哈，来者必赞，令人欢喜，已欢喜嘛。“燕窝”说其普通亦普通，说其名贵亦名贵。张弛有度，自在洒脱，好地方！那开始问题吧，我也很期待哦！

月亮妹妹：

老师，我们的《堂堂正正一辈子》融古圣先贤之智慧，我是想在本书即将结尾之际，感恩圣者、智者、仁者给我们的智慧，时光在继续，人生在经历，一辈子一辈子的百转轮回中我们始终相互扶持，相依相伴，不曾分离。这段文字虽然是本书的结尾，但是我们和大家的“堂堂正正一辈子”才刚刚扬帆起航，我们始终不分离，我们永远在一起。

太阳哥哥：

燕子说得好，没有结束，只有开始；没有分离，永在一起！

月亮妹妹：

老师，您说得好，那请接题吧！哈哈，请您用“燕窝”中的素材，用诗歌的形式，向我们的文明、向我们的祖先、向我们的人类进行一次深情的礼赞吧！

诗歌的题目就叫《在一起》。

太阳哥哥：

燕子，我可以接受考试，但是我们俩和大家在一起，你也要写一篇《在一起》，让我们和所有的人在一起，共同比翼齐飞！

月亮妹妹：

好啊，老师！请您先来，每次都是您给了我激情与智慧，有了创造的灵感，您先开始吧，我跟随您后！

太阳哥哥：

好啊，那就让我们共同抒写《在一起》，让我们和大家在一起，堂堂正正一辈子；让我们和文明在一起，堂堂正正一辈子；让我们和人类在一起，堂堂正正一辈子吧！

在一起

冯程平

打开历史的天窗
搜索往事的记忆
我们始终在一起

看看今天的游戏
过去的已经过去
你我他没有距离

想想盘古开天地
心念女娲与伏羲
我们是三皇五帝

走过远古的文明
走入今天的社会
我们的根没分离

倾听古老的传说
缔造华夏的传奇
认祖归宗才是理

忠恕仁义礼智信
感悟天地日月星
慈悲生老病死苦

万物和乐自东西

八方同聚体为一
元神共舞新天地

在一起

海燕

收集历史的足迹
亲近女娲与伏羲
心是彼此爱不离
根根相连在一起
在一起在一起

翻开往昔的日历
畅游岁月的统一
心系秦皇汉武帝
神神相映在一起
在一起在一起

和善文明耀寰宇
古今中外何为异
共筑辉煌愿为基
本是同根在一起
在一起在一起

上天入地写正气
有你有我同相聚
挥毫一展志向齐
泼墨尽染在一起
在一起在一起

神州盛世永屹立
同宗同源念相系
历史今朝无须比
共放华彩在一起
在一起在一起

第十章

众缘和合　正气长存

堂堂正正是人生正气之根本，是心底正能量之呐喊，是古圣先贤智慧之精华，是中华民族精魂之体现，是一辈子人生最具魅力之彰显。

《堂堂正正一辈子》（图书版）

人在年少时，一定要立志；
经得起风雨，才能长见识；
莫好高骛远，稳建才扎实；
做事讲诚信，做人讲良知；
你有能力时，认真做大事；
没有能力时，快乐做小事；
你有余钱时，尽量做善事；
没有余钱时，修身不停止；
人活一辈子，自省多深思；
取得成绩时，自律更坚持；
私心膨胀时，欲望要节制；
你有权力时，为民造福祉；
没有权力时，善小亦为之；
当你能动时，身体力行事；
人到休息时，回忆开心事；
人这一辈子，都会做错事，
改正是好事，避免做傻事，坚决不能做坏事
人生就是这回事
堂堂正正一辈子

至平 于和善堂

《堂堂正正一辈子》（网络版）

人在年少时，一定要立志；
经得起风雨，才能长见识；
莫好高骛远，稳健才扎实；
做事讲诚信，做人讲良知；
你有能力时，决心做大事；
没有能力时，快乐做小事；
你有余钱时，就做点善事；
没有余钱时，做点家务事；
人活一辈子，要好好深思；
当有成绩时，要常照镜子；
没有成绩时，学习不停止；
私心膨胀时，欲望要节制；
你有权力时，就做点好事；
没有权力时，就做点实事；
当你能动时，就多做点事；
当你不能动时，回忆开心事；
人这一辈子，都会做错事，
改正是好事，尽量避免做傻事，坚决不能做坏事
人生就是这回事，堂堂正正一辈子

至平 于和善堂

堂堂正正德之根本

冯维忠

做人。如何做人？做什么样的人？这是哲学家的范畴，是圣贤学说的领域，是宗教信仰的要义，更是人类亘古以来探求的主题。

古今中外，关于如何做人的理论学说，如果说谁最堪称大家，当属我们的孔老夫子了。他不仅将做人的普遍标准“人之初，性本善”作了详细的论述，他同时把阶层不同、等级不同、性别不同、年龄不同的做人都给予了系统的界定，界定出了做人的标准。以至到了司马迁在编撰《史记》时感慨地说：“对人的评价只有盖棺才可定论。”于是，他那句“人固有一死，或重于泰山或轻于鸿毛”成为中华民族两千多年来评价一个人的黄金戒律。冯程平先生和海燕老师著的《堂堂正正一辈子》一书即将付梓，望我作序跋，我诚惶诚恐。因为，对照书上说的做个堂堂正正的人的信条，我真的有距离，我一直在努力奔着向这个目标靠近，再靠近些。所以，我自认为不具备写此序的资历。程平先生说，其实大家都可以此励勉。我只好恭敬不如从命了。

如何“堂堂正正一辈子”做人，远古当之无愧的仍是“三皇五帝”。当今，我记得毛主席在纪念张思德同志发表的《为人民服务》一文中说“一个人做点好事并不难，难的是一辈子做好事、不做坏事，张思德同志是为人民利益而死，他的死比泰山还重”；在纪念国际共产主义战士白求恩大夫时指出：“白求恩同志是一个高尚的人，一个纯粹的人，一个脱离了低级趣味的人。”白求恩大夫的做人精神是：“毫不利己专门利人。”对于如何堂堂正正做人，这些评价是至高无上的，他们称得上是堂堂正正一辈子了，还有众多的楷模，这里就不再赘述。

程平先生和海燕老师在书中提出做一个堂堂正正的人的理念，以“正见解、正思想、正语言、正行为、正职业、正精进、正意念、正禅定”八个方面来规范、考究。他们之所以提出这八个方面的考量，是因为人生一个“正”字有板有眼，外形不苟言笑于世，内质历来为铮铮铁骨维护人间公平、正义。做一个“堂堂正正一辈子”的人是积跬步至千里，积小溪成大海之作，绝非一时一日之态，我十分赞同。

记得日前，习近平同志在回忆父亲习仲勋时说，最牢记父亲教导的就是要他“堂堂正正的做人”。习近平同志说父亲一辈子没有整过一个人。的确如此，他的父亲习仲勋不仅没有整过人，而且敢于为党和国家、人民的利益仗义执言。正因如此，今年习仲勋同志的百年诞辰纪念活动，自发地聚集了所有与他共过事的，和他工作过的干部、群众，并表示深切缅怀。事实胜于雄辩。只要我们“堂堂正正一辈子”地做人，我们可能会遭遇不幸和挫折，但是我们最终一定会得到人们的爱戴和敬仰。

综观程平先生和海燕老师的《堂堂正正一辈子》一书，虽然有不尽人意的描述，但可窥其一斑而见全貌。此书其感情是饱满的，其精神是向上的，主旨是正能量的，乐为此序！

和谐社会正能量

黄书元

人类社会最优美的乐章是由国家文明：公平、正义、法治谱写的曲谱；由人类道德的文明：仁、义、礼、智、信、勇填写的歌词。立此之说，还自冠以“人类”之词，实在是大言不惭，然，之所以敢放此言，是因为心中被这时代开明盛世的正能量催生所至；是因为我看到了一个新的文明开元时期的来临；故，我勇敢地加入这万家争鸣的队伍，借机呐喊心声，望大家不以为噪，权作茶余饭后。

开篇之语实则源于冯程平先生和海燕老师近日将推出新作《堂堂正正一辈子》一书，邀我开题破语，因主题大，备感惶恐。

所以，有感而发。我读程平先生和海燕老师的大作以为此书主题站在哲学、宗教的高度力论人生一辈子，应该如何坚定信仰、信念，实现以仁者之心与自然界万物相伴、相生、相爱；以义者之情与人相交、相助、相往；以礼者之态与人相处、相论、相商；以智者之慧与人经世、济民、治理自然与社会；以勇者之为与人匡扶正义、铲除邪恶。

程平先生与海燕老师把这些归纳为八个方面："正见解、正思想、正语言、正行为、正职业、正精进、正意念、正禅定"，从这八个方面来规范、考究、考量，如书中所论："人生一个'正'字有板有眼，外形不苟言笑于世，内质历来为铮铮铁骨维护人间公平、正义。"我非常认同他的这一论述，这是做人的新论，无论站在哲学、宗教及我国儒学的主题上论述应该都是一脉相承的。

此书对当今以物质为中心的时代，对拾补精神领域人生价值观的缺失十分有益。序旨在由大家或名流为新作品发声助力，提升作品的影响力。我以为这是仁者见仁、智者见智的观点。事实上优秀的作品即使无序照样能引起读者的关注；照样能成为畅销作品。我相信程平先生的《堂堂正正一辈子》这一大作一定会赢得读者的喜爱。欣然为序！

塑圆融身心 成圆满人生

洛桑多吉

程平先生和海燕老师《堂堂正正一辈子》一书即将出版之际，我在阅读之后，内心非常欢喜。此书以八正道为基石，以独特的视角深入浅出地阐述了修行的核心内容：即修行与生活是一非二，生活中时时皆修行，事事皆修行。

看过此书所弘扬的“堂堂正正一辈子”的人生理念后，让我想起了自己的恩师，作为一个修行人，在恩师的身边学法的时光，同时也是学习如何做人的宝贵时光。恩师曾教导我们这些弟子在每一个当下看住自己的念头，把握好自己的起心动念，坚定自己对信仰的追求。当恩师面对非议、诽谤脸上依然露出笑容时，我懂得了这是修行；当他面对痛苦、疾病依然谈笑风生时，我懂得了这是修行；当他播撒慈悲喜舍智慧时，我懂了这更是修行；当他示现圆寂流露出那份坦然时，我深深地懂得了人生的真意、修行的真谛。“堂堂正正一辈子”的人生也正契合了修行的誓言。

修行并不神秘也不可怕，其通俗的意义就是修正行为，更深入地讲就是修正自己的言行，而非他人；让自己的身心更加的包容、豁达而直至圆融无碍。吃饭、穿衣、睡觉、工作、接人待物、实现理想、成就事业等等这些皆为修行，修行就对每个当下的把握，修行就在每个起心动念的刹那。慈能与乐，悲能拔苦。让我们把这大慈大悲的和乐思想发扬光大。

堂堂正正半辈子

孔庆东

几天前，就拿到了这本《堂堂正正一辈子》的样书。我是个差不多每天都收到一些书的人，看书看麻木了。我和我的一些同事，可能每个月都要处理一批书，是所谓的“职业看书人”。拿到这本书之后比较奇怪，从生理上给人一种不同一般的、别开生面的感觉。书名叫《堂堂正正一辈子》，而这本书本身、外表的风格就很正。拿到手里一掂一看，是一本很“正”的书。仅仅看书名，还不知道内容是什么，打开一看，不是文学作品，不是学术著作，也不是心灵鸡汤，也不是故事小品集。首先这本书的形式非常独特，可能不是作者编辑事先预谋好的，作者是另有一套想法，但是无意中在形式上做了一次创新。就是两个人的聊天，又不是对话录——我昨天上第一次课，刚给学生推荐了金庸和池田大作的对话集。而此书不是，就是两位不经意的合作，在形式上进行了一次创新。

这本书从出版学的角度讲，它的风格很正，不论是它的装帧，它的版式、颜色使用、间距行距，从出版的专业视角来看，做得很大气。“堂堂正正一辈子”这个名字里面是有“陷阱”的，很多人为什么不喜欢堂堂正正？因为任何一个汉语的词，可以引发人许多的联想，由“堂堂正正”会联想到“死死板板”，会觉得没劲，我干嘛要堂堂正正？堂堂正正的书很容易做死。我刚才说到一个“正”字，你打开之后，会感觉到，它又是清新的。现在流行一个词叫“小清新”，这个书不是小清新，是大清新。你翻开之后，有一种大清新的感觉。那些小清新都已经让人腻了。我偶尔在微博上模仿一下小清新，逗人乐。比如我模仿延参法师，他是我的朋友，善于用小清新讲道理。比如我说“出门的时候嘴里含一块糖，感觉生活很美好。”其实都是假的，这都是骗人的小清新，里面没有真东西。而这本书，第一它正，第二它有一种大清新。

谁不喜欢堂堂正正，谁反对堂堂正正呢？没人反对，拿到桌面上大家都拥护。谁都拥护的事怎么不做？这是我们要反思的问题。任何政治立场的人都不会反对堂堂正正做人，而实际上很多人不做。这就说明跟堂堂正正有关的一系列其他范畴，我们要联系起来进行探讨。但这样一探讨，就容易变成学院式的论文。所以这件事情是两难的，我为什么觉得这本书我写不了？我一写就弄得越来越深了。你想不弄深，就容易写轻浮了，这个分寸确实很难把握。我以前不认识作者冯程平，看了他的材料，觉得他是有高屋建瓴的能力，他很谦虚。我们看他的想法，他能够把握住矛盾的焦点，具有一种非常出色的分寸感。

中国现在的状况大家都有同感，都在批评。其实中国一百多年来所走的坎坷的道路，从根儿上说，是跟做人有关系的。什么人彻底改变了中国？是中国共产党。中国共产党也有这样那样的毛病，但是他把握住了一个高屋建瓴的东西，就是要“正”，要行得正。中国共产党讲那些高深的理论，中国老百姓听不懂，老百姓哪儿懂得马列主义？老百姓只看行动，看你这支人马做事正不正。当时是战争年代，不论是红军、八路军、新四军还是解放军，我们统称为“共军”，共军给人的印象是：这是一支堂堂正正的队伍。

讲堂堂正正的人和书很多，儒释道的书多是讲堂堂正正的，讲了千百年，为什么还有那么多人不能够在实践中把自己塑造成一个堂堂正正的人？我今天中午在微博和客户端上发了一段地藏经，并且解释了一下，我说地藏经就是佛祖们开了一次高端的学术研讨会。他们看见众生都是迷茫的，研究怎么救他们，这需要有高端人士解释。地藏菩萨的实力绝对是大佛，跟释迦牟尼佛是一样的，但是他说地狱不空，誓不成佛，他自愿留在这个苦难的人间，要救每一个众生。微博上还有人不明白，我就给了他一句马列主义的话，叫“只有解放全人类，才能最后解放无产阶级自己”。一定要把毛泽东思想和其他所有人的思想联系起来。只有解放全人类才能最后解放无产阶级自己，这就是地藏菩萨的精神，我不下地狱谁下地狱？毛主席当年，可以自己过得好好的，他在国民党里当了两个部长，跟着蒋介石干，将来当个副总统没有问题，平平安安，为什么要上井冈山？孙中山是学医的，在澳门行医，也可以一辈子过得好好的，为什么要闹革命？我在《巍巍毛泽东》里写了，毛泽东像地藏菩萨一样，“发宏愿”，他要“救万民”。

我是搞现代文学研究的，年轻时候的鲁迅，他为什么给自己和两个弟弟起的名字都带有“人”字？他自己叫周树人，两个弟弟分别叫周作人、周建人，这是包含他的整个世界观的。他认为中国的根本问题是做人，人做不好，搞社会主义、搞资本主义都不行，搞封建主义更不行。

有很多人迷信体制，说资本主义好，我说世界上有多少个国家是资本主义，你统计过吗？大多数都是穷困国家，大多数又穷困又专制，水深火热。所以体制是一个表面的东西，体制是要人来实践的。中国今天正在创造一个新的体制，是东西方所瞩目的，是可能给人类带来一种曙光的体制，但这种体制需要高素质的几亿人民来支撑，有三亿高素质的国民，那就是一个不可战胜的国家。我们也不指望每个人从出生到死都是“堂堂正正一辈子”，能够堂堂正正半辈子就好。

所以我觉得我们的出版社，还有像冯程平、海燕这样的人开的头非常好。当然一本书不够，我希望这本书开一个好头，我们要勇于讲堂堂正正做人，不要藏着掖着，还要讲得清清爽爽，讲得非常受人欢迎。我希望一个好的开始之后，还有一系列这样的好书问世。最后用我们的努力，让一部分我们的同胞，堂堂正正半辈子，我们就欣慰了。

心灵教育的正能量

高怡宁

记得冯老师说他要出一本书叫《堂堂正正一辈子》，我当时一听这个名字很震惊，真的是很震惊。因为从网络调查结果来说，往往是负面信息引发更大影响力和产生最大效应，所以从来没有一个人给出这么正的题目：堂堂正正一辈子。当时我就问你为什么要出这本书，冯老师讲了一下他成书的前因，我也很有感触，他写书的起因是跟孩子教育有关系。现在的孩子从小接触到太多资讯，反而在其中迷茫了，到最后我们这整个时代也成了“信仰迷失”的时代。“扶老人会被讹”、“卖肾也要土豪金”，孩子们的价值观和人生观都出现了很大的偏差。于是冯老师从教育孩子这件事情入手，想到了一个人一辈子要堂堂正正，要先立志，要有所学，后来才有了这本《堂堂正正一辈子》。

中国的教育也好或者中国的整个社会也好，现在都非常浮躁。和我孩子一起长大的小朋友们一年内就走了三个，去美国的，去新加坡的，最近这个去了英国。家长们普遍认为中国土壤不适合孩子成长了，无论是首都的雾霾，中国食品安全的不靠谱，还是孩子的教育环境，都在向坏里变。而且现在中国人的观念特别短视和浮躁，压迫感很强，这也让大部分有点资历的中国人觉得该出去。这给我很大的冲击，中国的土壤真的坏到这种地步了？朋友们给我的感觉是如果你爱你的孩子，你就得把你的孩子从中国带出去，这个观念吓到我了。今天我来参加这个会的时候还在想这个问题，中国教育几千年了，关于教育人这方面的文字很多，但是到了现在这个阶段我们好像把那些全忘掉了，让自己陷入了一个很困惑的阶段。我们在拼命学西方的很多东西，但往往学得四不像，比如说素质教育，我看过一个调查，经过这么多年的素质教育后我们整个民族的素质没提升，反而下降了，这不值得反思吗？年前数字论坛的年会上，一个专家说：“我们的目标就是打倒教育部！”还有专家说：“救救孩子！”这些话很吓人，但中国教育确实该反思了！该考虑一下真正教给孩子什么最重要？做人？还是分数？所以我觉得现在出这本书真的是恰逢其时，希望中山大学出版社能够多多规划，出一系列这方面的书，最好做成一个品牌。《堂堂正正一辈子》把一辈子做人概括了，但是一辈子还可细分很多项，我看后面还有《婚前第一课》的规划，希望能这样慢慢细化和衍生下去。

《堂堂正正一辈子》这本书主要说的就是做人，其实踏踏实实做人这件事，中国人已经做了几千年了，但现在反而“踏实”这个词也不一定是好词了，甚至“老实”都带了贬义。越来越多的人期望着一夜暴富，甚至不劳而获，做事情目的性非常强。其实，无论做事情还是创业，真的应该根据自己的兴趣喜好去做，而不是说你做这件事情的时候第一考虑的就是利益。因为做任何事都不可能一帆风顺，那么在谷底下能支持你走过去的绝不是虚无缥缈的利益，而只能是你自己真正的热爱。

做人“莫以小善而不为”、“利他终能利己”，现在很多人做任何事情都考虑对自己有利还是无利，最后反而是迷失了，没有得到一个很好的结局。但如果多为他人考虑，结果反而会不同。比如瞎子点灯，瞎子拿着灯上楼，人家说你是瞎子你还点什么灯，他说我点灯是为了给你照亮，而最终给他人照亮的同时他人也就撞不到瞎子，这就是一个对双方都有利的结果。

还有一个故事，是关于孩子的观念的。白人母子俩去坐车，开车的是黑人司机，孩子第一次看见黑人，就问妈妈，这个司机为什么和我们不一样。妈妈说："这个世界是丰富多彩的，上帝创造了各种人，有黑人也有白人，为了让我们不孤单。"白人母子下车的时候，黑人司机坚持不收这对母子的钱，他说："当时我妈妈跟我说我们是黑色的，因为我们低人一等。如果当时我的妈妈像您这么跟我说，我的成就绝对不会像今天这样。"这就是教育的观念问题，如果你自己的观念树正了，很多事情你能够想得更长远一些。整个社会不那么浮躁，大家每个人都在其位谋其政，认真做好自己身边的每一件事情，那么整个中国就充满和善。我希望后面能有一系列的书，解决这些困惑。

国力正则人心正 文化正则民族兴

中 岛

马年的新春佳节，是我唯一一次没有外出活动的节日，在书群中，我精心挑选了五本书来读，这样的节日也是我在传统春节中仅有的一次“全阅读”节日，它是我生命中很值得记住的节日。

我是诗人，在选择的书中自然少不了诗歌类书籍。第一本就是著名诗人、翻译家、小说家伊沙翻译的泰戈尔诗集《生如夏花死如秋叶》，另外一本与诗歌有关的是著名诗人唐欣解读的《有个地方你从未来过——中外百名杰出诗人作品》，因为书里选了我的诗歌《花朵与病句》。这首诗还入选了三千年中国诗歌史总集《诗韵华魂》、《被弃忘的经典》、《中间代全集》等，诗歌与国内外诗歌大师的诗歌放到一本书中来进行阅读，有不一样的心情与感受。再就是北京大学中文系教授，曾经在央视《百家讲坛》中讲金庸小说的那位著名文化学者孔庆东老师的两本新书《黑色的孤独》、《孔曰：重垂不卷乱读书》。还有一本就是我接下来要说的著名文化学者、作家冯程平等著的《堂堂正正一辈子》。这些书开启了我新的一年，让我获得了阅读的清静、视野的拓展、身体的放松和心灵的慰藉。

《堂堂正正一辈子》是一本很朴素的，通过讲故事的方式完成的心灵对话，读起来亲切、放松，像是与老朋友在一起喝茶聊天。

这本书对我最大的吸引力就是平和、耐人寻味，有感触，与当今社会问题及中国梦困境有密切的联系，具有警示与启迪的作用，每个人阅读它都能够有所体会，那回味一定不下我们的年夜饭，香醇到充满了文化的“舌尖”。

我们的努力不要在复杂的理念与纠结上打转，生命的每时每刻都在为自己打结，如何解开这些迷局？心结在于您要做一个什么样的人。

我与冯程平先生相识是缘分也是我的荣幸，他和蔼、质朴、平易近人，这些风格正是他书名的写照。

从书中，无论是简洁的故事，还是生命中无怨无悔的体验，都感受着他与这个时代格格不入，又努力来改变时代的人格风范与魅力。

中国改革超过三十年的历程，其中者，都或多或少的看到了被“魔爪”玩弄的利益社会而显现的扭曲的社会风气，被忽略掉的文化力量也不同程度地遭遇了“尴尬”，而中国梦的困境正在困扰着每一位品性正直的人，但是，不“同流合污”你就会被“时代”的车轮倒行碾压致命，堂堂正正却成了“大逆不道”，谁在为牺牲正直买单？

新一届政府看到了这样一个扭曲的社会发展与人心背

离等现实问题，这关系社稷安危、民族兴衰。

最近具有影响的“国风与家风”的社会大讨论与之前政府出台的反腐倡廉、勤俭节约的政策及“文化自强，文化自觉、文化自信”都在为三十多年中国改革开放中出现的“劣风劣迹”进行健康矫正，让健康的人心归来。

无论是书中“馒头的故事”还是那个复活孩子的故事，其中的道理一定是：正人、正己。

就像冯程平的《堂堂正正一辈子》书里所说：“信仰并不神秘，但神圣庄严地书写着‘一撇一捺’的人生。”

树立品质 弘扬正气

刘林娣

在社会需要正气庄严的时刻，在人们需要灵性与定力的时候，欣悉冯老师和海燕老师的大作《堂堂正正一辈子》一书即将出版，喜乐之情顿生。

我细阅了此书的清样，语言平朴中透出智慧的邃哲。在喧嚣之余静下心来，与心灵对话，与生命畅谈，让心安住。掩卷启悟，欢畅前行。堪称佳作！

此书所传递出的立志的坚定、心胸的豁达、志向的高远、思维的精到以及对完美人生的追求与实践都让我受到启迪。字里行间浩气充盈。我作为一个企业管理者，找到了做人的心灵工作的窍诀，懂得了与心灵对话的重要性，明白了企业家身上首先要流淌着道德的血液。产品的品质和企业的品质皆缘于管理者与员工的心性和品质！

民族企业的发展靠民族的文化铸就魂魄，《堂堂正正一辈子》一书，是一本以弘扬民族文化精华，解读心灵奥秘，激发浩然正气的人生宝典。作为一名以慈悲之心发念，以苦修之志践行的人，企业便是我的道场。我无欲则是无损他利己之欲，我有欲则是有利生益众之欲！民族复兴便是匹夫之发心！

如何堂堂正正一辈子

安 琪

天蛾的茧结构非常特殊，一头是一条细管，一头是一个球形的囊，很像实验室中的细颈瓶。当蛾出茧的时候，它必须从球形囊那里爬过极细的管儿，然后才能飞翔在空中。它的身体这样肥大，那条管儿这样细小，需要花费多少心力才能成功？又有多少不成功地死于囊中？有一天，考门夫人恰巧看到一只茧儿在动，显然蛾儿在囊中挣扎。她决意帮它一把，就用剪刀把茧上的丝剪薄了些，让蛾儿出来得容易些。果然，蛾儿很快就爬出来了，但身体是反常的臃肿，翅膀是反常的萎缩。可怜的蛾儿痛苦地爬了一会儿就死了，终于没能飞翔起来。

这个摄人心魄的故事我是在《堂堂正正一辈子》一书中读到的，故事的来源是考门夫人的《荒漠甘泉》，考门夫人的这本书我久知其名但却一直不曾读过，如今从《堂堂正正一辈子》这本书中了解到了考门夫人，实属意外收获。同样意外收获的故事在《堂堂正正一辈子》一书中还有很多，因为，这是一本通过故事来讲人生讲道理的书。天蛾的故事告诉我们，痛苦带给蛾儿的不一定就是负面的，有时候痛苦恰恰是成长的必需，无论对于蛾还是对于人。

《堂堂正正一辈子》是一本以对话来串接全文的书，而故事作为对话的主要元素穿插其间，因此读来满眼都是故事。讲故事是一门学问，莫言在斯德哥尔摩发表获诺贝尔文学奖感言时专门讲了六个故事，如今冯程平先生、海燕女士在这本书里讲的可不止六个，读者的收获也因此更丰富，感悟也因此更多，这是自然的。

以《堂堂正正一辈子》做书名需要一种勇气，堂堂正正是每个人心里都渴望的，即使做不到，也是心向往之。因为它是每个个体生命的梦想，是人人放在心里的一个标杆，有的人按照这四个字去做能做到，有的人在一种无法左右的环境下没有办法做到，但至少他也会觉得这是一个很好的做人标杆。本书提出的是一个价值观、人生观的问题，告诉我们一个人的一辈子应该活成什么样子。人的一生，说简单也简单，说难也难，但归根到底，只要堂堂正正了，就能问心无愧，就能活得有品质。

“堂堂正正”这四个字是中国文化的传统，为什么诸子百家最后“独尊儒术”，除了统治阶级的推广，还因为它符合民众的内心理想。法家的东西是要用权谋去残害生命，道家无为而治又太超脱，对社会的推动和建设没有什么大的帮助。所以最后董仲舒提出罢黜百家能获得汉武帝的接纳并实施，是有它道理的，因为儒家是符合整个社会发展的。撇开君君臣臣伦理的限制，社会本身的发展也是需要按照儒家的思路来走，儒家在维护社会秩序的同时，也讲究社会的建设。

我们都知道儒家学说追求不偏不倚，追求中正之道。人生不是两极，不是说要么是穷凶极恶的坏人，要么是见义勇为的好人，人生没有这么简单，大多数情况是一种中正状态。我不要求我一定要做一个英雄，我们现在说的好人大都指向英雄这一个层面的定义，他必须要做好事，要救人于水火、见义勇为，那才是好人，其实不是的，只要不做坏事就是好人，这也正是中正要求的。每个人都做好自己，整个社会的风气就好了。在我看来，中正也即堂堂正正。《堂堂正正一辈子》讲的即是何为中正，如何中正的事。

这本书的故事特别多，基本上每一页都有一个故事，是通过故事讲道理、讲人生、讲思想、讲价值，讲种种常识的一本书。如果能在版式设计和字体字号的设计上更讲究些，也许会更好。

堂堂正正一辈子：在社会的拐点为人生指明方向

小义大道

党的十八大召开以来，中国社会正式步入了一个转型期。经济改革深化，反腐力度加大，人民生活的幸福感与日俱增，这一方面有领导人的个人魅力与魄力，更主要的是党的政策能够深入基层，深得民心。然而，在这个时期，对于我们每个个体来说，如何把握好自己人生的方向呢？如何做好自己，才能不在人生的道路上误入歧途，像某些腐败官员那样身陷囹圄呢？这就要求我们要堂堂正正的一辈子。正因如此，这本由中山大学出版社隆重出版发行，作家冯程平、海燕合著的《堂堂正正一辈子》便应运而生了。

正如书名所说的那样，“堂堂正正的一辈子”显然是我们中华民族品德的最高境界之一。历朝历代，无不以德立国。而国家的衰亡，也皆因统治者的失德。所以，堂堂正正一辈子往小了说是民风、家风，但一样可能关乎国运兴衰！从小，家里人就教育我们要堂堂正正做人，而那些堕入牢笼的贪官们，何尝不是把这最简单的道理抛之脑后了呢？因此可以说，《堂堂正正一辈子》这本书，实则是在这个社会的拐点，为我们指明了前路的方向啊！

在这本书中，内容也可以说是兼收并蓄、兼容并包。其中既有儒家“仁者”风范的缩影，也有道家“隐者”的风情，当然，佛家“觉者”风骨也大有体现，也许只有学贯儒释道三家，方能由此大彻大悟。值得一提的是，其中还引经据典，收录了很多国家领导人的名言，可以说是追古溯今。读之顺便便能领会做人者，先正己；强国者，先尚德的精要所在。

以德服人，首先要从党员干部的作风建设做起。党的十八大报告就强调说，要以优良的党风凝聚党心民心、带动政风民风，以实际行动彰显共产党人的人格力量。作风是关系形象的大事，是关系党生死存亡的要事。以习近平为总书记的新一届中央领导集体在党的十八大闭幕后，作出了加强作风建设的八项规定，每条都具体实际，为人民群众关注，并作出率先垂范的庄严承诺，受到广泛关注和赞誉。而《堂堂正正一辈子》则是从另一个侧面说明了作风、家风的重要性，很有现实意义。

《礼记》有云：“心正而后身修，身修而后家齐，家齐而后国治，国治而后天下平。”可见，正心、修身、齐家、治国、平天下之间是递进关系。正所谓无家无以成国，小家的和睦、个人的正气影响着大国的安定团结和气质。而《堂堂正正一辈子》中那隽永的文字，那穿插着古今中外饱含智慧之光的人生格言、名人故事和历史典故，无不以流畅、华丽、接地气的语言影响着我们每一位读者的心灵，不仅对人生有指导意义，而且也传递着无穷的社会正能量。

《堂堂正正一辈子》：树家风，励人生

丑鱼尼莫

走进学校学会的第一个汉字是“人”，自懂事起父母最常给我说的一句话是“堂堂正正做人”，这也成了我们家的家风，上上下下传承了若干代。但随着时间的推移，岁月的流逝，阅历的增加，人生的坎坷，我越来越发现，小写的“人”容易，大写的“人”很难。“堂堂正正做人”亦如此，说起来容易做起来难，尤其是要“堂堂正正一辈子”，更是难乎其难。

我去南方旅行之前，收到朋友快递的由作家冯程平、海燕合著的励志新书《堂堂正正一辈子》。粗看，书中不乏治

国治家的哲思伦理，“一撇一捺话人生，堂堂正正一辈子”的人生真谛也溢满全书；细品，却发现字字珠玑间都流淌着感人心扉、动人血脉、激人魂灵的暖人正能量……有故事，有诗文，有小品，有字画；或趣谈，或对话，或论辩，或探讨……形式多样，风格多层，主旨却始终如一——“堂堂正正一辈子”……于是，我决定带着这本书上路，来一次说走就走的旅行。

人的一生说长也长，说短也短。自出生到老去、谢幕最多不过百十来年，相比光速，这也就是弹指一挥间。但从婴幼儿到少年再到青年、中年、老年，却是一个漫长、复杂甚至艰辛的过程，在弹指一挥间的光速面前，人生因充满厚度、宽度而被拉长，而这，也恰恰正是人生的意义所在。如何增加人生的宽度与厚度从而扩充生命的长度与广度，我想，“堂堂正正做人”是不可或缺的。

我的南方之旅第二站是世界文化遗产——福建漳州南靖土楼。这里山高水长路曲行折，土楼群与土楼群之间大约有五千米的距离，而且蜿蜿蜒蜒、盘盘旋旋。有那么一瞬间，我曾想放弃土楼之旅，因为太累太单调太乏味。小憩时，我于《堂堂正正一辈子》中读到这么一句话：“路在脚下，更在心中。心随路转，心路常宽。”刹那间，徒步行走的勇气再次涌上心头，我也再次如醍醐灌顶。想想看，旅行的意义是什么？不就是为了放松心身、感受自然、开阔视野、丰盈人生吗？如果就此受困于脚下的路、旅行的累，出游不就完全失去了意义吗？想着想着，突然觉得步履轻盈了许多，土楼群5千米的间距不再成为难题，而旅途的周身困顿也因为心情的愉悦而烟消云散。《堂堂正正一辈子》文字中跳跃萌动而出的不是心灵鸡汤却胜似心灵鸡汤的简语显理，如二月春风冬末煦阳温暖沐浴着我的南方之旅。

游桂林漓江时，正值春雨绵绵、春寒料峭，站立在船头远眺漓江美景心动亦身冻。一个小姑娘见我冻得瑟瑟发抖，便对我说："叔叔，到里面去躲一躲吧，里面暖和……"小姑娘温暖的话语即刻感动了我。我赶紧向她道谢并夸她漂亮、聪明，有礼貌。听了我的话，小姑娘一脸笑容的跑开了……没想她的父亲却训斥她说："爸爸妈妈有没有告诉你，外面坏人很多，不要随便和陌生说话，万一他是坏人怎么办？"

我刚热乎的心瞬间凉了半截，再无心情看风景，正想着怎么回击这位父亲（因为他教育孩子的方式是完全错误的）时，就在《堂堂正正一辈子》中翻到这么段话："温暖的话语感动人，赞叹的话语成就人。"我对孩子的父亲说："你家孩子做得很对，家长应该赞美鼓励而非打击。你知道一句话的力量有多大吗？他能成就一个孩子，但也可能毁了一个孩子……"说着就顺手把《堂堂正正一辈子》推到他跟前，指着"一句话的力量可以改变人生，一句话的力量可以激励人心，一句话的力量可以充满希望，一句话的力量可以穿越时空。”这段话说：“你看，书上也是这么说的……”孩子的父亲有些不好意思地低下了头，轻轻地抚摸着孩子的头。

此次南方之旅之于我而言最大的收获之一就是看到了各种水——厦门鼓浪屿，深圳大小梅沙的海水，桂林漓江的江水，成都都江堰的河水、湖水……它们或涓涓细流，或滔滔而来，或微风拂浪，或奔腾不息。但无论如何，它们都有着可怕的包容性、超强的持续力，纵使千山万壑，也要奔向理想的家园——大海。人生亦是如此，《堂堂正正一辈子》就这样写道：“人生如水，包容可贵；人生如水，持久为最；人生如水，理想之梦寐……”

虽然我的南方之旅已暂告一段落，但细品《堂堂正正一辈子》的“工作”还在继续，还要反复。在平实的文字里、美雅的诗词间、通俗的字画中，原本深刻、繁杂的人生道理亦变得浅显明了，易懂易解。“堂堂正正”是人风是家风亦是国风，“堂堂正正一辈子”是教诲是感悟更是励志。

正能量第一书——《堂堂正正一辈子》

师天浩

改革开放三十年，拜金狂热、物欲横流、人心不古。在当今中国物质生活突飞猛进的时代，中国人特有的温、良、恭、俭、让美德，仿佛一夜不见踪影。2014 年由中山大学出版社出版的这部正能量文学作品——《堂堂正正一辈子》给国人的精神世界带来了心灵洗涤。

《堂堂正正一辈子》书名出自作者冯程平领悟习近平讲话精神有感而发的诗作中。程平、海燕老师两人共同合力著作写出这本充满正能量的大作，全书以独特的谈话风格，穿插着古今中外饱含智慧之光的人生寓言、名人故事和儒道佛著名典故，以流畅、华丽、接地气的语言风格一气呵成。本人怀抱作品一览而尽，至今仍深深感怀在全书浩浩然然的正气之中。

除此之外，诸多老领导、老学者和老艺术家应邀对此书深情作序、题词、题画并献上赞誉之词。正如书中高远宏大笔调中所抒意的刚阳正气之美一般，全书分别着墨书写了“正见解、正思想、正语言、正行为、正职业、正精进、正意念、正禅定”。如书中所论：“人生一个‘正’字有板有眼，外形不苟言笑于世，内质历来为铮铮铁骨维护人间公平、正义。”

正能量是当代中国精神建设发展的主流，我们国家一直在探索着属于我们中国人特有的精神模式。新一届领导人从纷繁复杂的当代局势中领悟到拜金主义和物欲放纵导致了部分社会腐化和堕落现象产生。而此时网络文化潮流也和领导层不谋而合，正能量的悄然走红网络成为官方和民间思潮合流的一个纽带性标志。《堂堂正正一辈子》适时出现，成为民间学者推出的第一本主打正能量的书籍。

这本《堂堂正正一辈子》的意义不仅仅跨越了时代，更标志着一种新思想的潮流趋势。

厚厚的一本正能量、正精进的大作，让被污秽的心灵在人性善美之中遨游，在人类精神博大坚强下感怀、更为前赴后继的往圣先贤们的“正气长存”而感动。在洋洋洒洒二十余万精妙、唯美的字词中，理解了堂堂正正一辈子的人生境界。也为书中作者们渊博的古文化修养造诣而赞叹，这是一本非常值得国人去读的书。从正能量做起，堂堂正正一辈子。

在中国，如何能“堂堂正正一辈子”

王锦思

中国梦的实现，需要坚定地去落实。尽管一些人醉生梦死，还有更多的中国人在以不同方式做自己的事，甚至为国家做事。

《堂堂正正一辈子》一书作者冯程平表示，他通过领会习近平同志的讲话精神和自身经历，感悟如何成就幸福人生！他感慨地说:“人的一辈子说长也长，要经历童年、少年、青年、中年、老年等不同人生阶段，苦辣酸甜皆有；说短也短，时光飞逝，转瞬间青丝变白发。或长或短的人生，要如何过得有意义，小则利己，大则利人，更大意义上利于国家和社会，这是人生最关键的抉择。”这句话看似平常，但是不见得每个人都能领悟和贯彻，并能踏踏实实付诸实践。幸好，我们可以调整，也可以借鉴《堂堂正正一辈子》去努力实现。

《堂堂正正一辈子》是由作家冯程平、海燕合著的励志新书，该书作者是目前非作协等御用文人认可和称道的思想领袖，其图书对推进中国民主新进程意义非凡。也有读者质疑这本书是“王婆卖瓜——自卖自夸”，希望大家共同对这本书做出评价，并提出宝贵的意见。

2013 年据某权威杂志调查，中国人普遍的年度感受是

“累”，不是身累，而是从来没有过得如此“心累”。过去人们读书是为了成为圣贤，如今人们读书变成为了挣钱。即使校园里也充满了功利色彩，出现了人人忧心的种种问题。微信中疯转的心灵鸡汤远远不能满足，而这本书的语言像春日的微风、冬日的暖阳，有不可思议的渗透心灵的魔力，当下难得还有这样温暖的能量语言来抚慰人心了。得知这本书即将出版，很多文化名人热忱推荐，他们相信各种分歧和偏见都会在这本书里达成共识。

《堂堂正正一辈子》是一本学习做人的书籍，这本书的封面上有一句话：“与光对话”。这个“与光对话”有很深很广的含义，这里的光可以指一切正面思维之光，古往今来所有圣贤领袖的智慧之光，也可以是每个人内心深处的人性之光……当我们找到这些光，并且与之对话的时候，我们的心就会灿烂起来。

冯老师是一位历经沧桑、承载无数传奇的行者，不惑之年的他是一名从专职农民成长起来的文化义工、民间草根学者，主编出版了大量畅销书，值得我们敬佩；海燕老师是一名和文字结缘的善者，她自幼喜爱写作，本着对社会的理解，对事业的追求，坚持着写作事业。该书能将文学性、艺术性和思想性三位一体地融合在一起得力于两位老师的珠联璧合。

自古以来“堂堂正正的做人”，不仅成为家训中的精髓，也是社会和谐的根源。堂堂正正的一辈子是传承了中华文化德之精华的写照，追古溯今，做人者，先正己；强国者，崇尚德。而这些也是冯程平和海燕老师写作的初衷，受习总书记讲话启发，像习仲勋等老前辈那样堂堂正正一辈子。因此，中国科学院院士、北京大学教授蒋有绪先生高度赞扬："人就要堂堂正正一辈子，是到了该堂堂正正一辈子的时候了……"见微而知著，一叶而之秋，由此观之这部正能量十足的书籍发布也备受瞩目。

不做伪君子，但求真坦荡

洪 烛

看了冯程平、海燕著的《堂堂正正一辈子》，感觉传统文化气息很浓。除了儒道，中国的诗歌也讲究堂堂正正。除了孔孟老庄，中国古代的文化英雄还有屈原、杜甫，他们传播得更加润物细无声，不仅仅通过说教，而且通过身体力行。比如屈原为政治理想牺牲了他的仕途乃至生命，杜甫的《茅屋为秋风所破歌》同样荡气回肠。他们的人生经历，他们的作品，对我们来说都是一笔非常丰厚的文化遗产，有的时候比一般的宗教、哲学更有作用和意义。

比如我们说起屈原，就想到了堂堂正正。中国的诗歌为什么一直很伟大？在全世界，都承认中国是一个诗国，因为中国的第一位大诗人屈原，就是堂堂正正的诗人，顶天立地。欧洲文学史的开篇是荷马史诗，荷马是一个作者，他本身不是英雄，他是去宣传英雄的。但中国第一位知名诗人屈原本身就是一个英雄，一个文化英雄。在某种意义上他的人生本身就是一部史诗。中国的诗歌也有遗传基因，不是负面的，而是正面的。从《诗经》、《楚辞》一直到唐诗宋词，诗歌都是正面信息，负面信息也有过，但是被自然淘汰了。负面信息不可能长久。“无边落木萧萧下，不尽长江滚滚来”，中国文化的一大意义与一大功能就是新陈代谢、摧枯拉朽，类似江河气象这样有生命力的东西才能流传下来，腐朽的东西都是过眼云烟。所以，我们也没有必要纠结。不要说书没有一点负面色彩就没有办法发行，不要纠结这些。

屈原的情怀在杜甫身上得到传承了。杜甫在中国诗歌，甚至在中国文学、中国文化中都体现了堂堂正正。

我有时经常想这些古代的诗人。自己将心比心，猜测他们那伟大的情怀从何而来？我也很纳闷：杜甫不是唐朝的宣传部部长，既不是当时的中宣部部长，也不是四川省宣传部的，也不是成都市文联的，他为什么写出《茅屋为秋风所破歌》这样的诗？他就是一个住在成都草堂里的草根，顶多算知识分子。后来我想明白了：中国人有一种遗传基因，即君子的教育。对君子的要求是要超越国民的平均值的。

现在老百姓只想着平平安安一辈子，可能觉得“堂堂正正”这样的词语太吓人了。普通人确实只想平平安安一辈子，但客观地说，如果大多数人真的要做到平平安安一辈子，必须有少数人能够堂堂正正地为实现理想奋斗一辈子，甚至不惜为此而牺牲自己的利益，大多数人才有可能享受到社会进步的红利。

正面的信息对市民的教育，是能提升其素质的。如果没有少数人的奉献，大多数人不见得就能平平安安，或者就是窝窝囊囊一辈子，钩心斗角一辈子，想平平安安是很奢侈的。必须有堂堂正正的一些人，成为民族精神的标杆，譬如中国历史上层出不穷的仁人志士。仁人志士肯定高出普通人的。普通人是不愿意舍弃生命的，普通人说白了为了自己房子的拆迁款是要争的，当然，也有权利争。可杜甫自己的屋顶都被掀掉了，却还能想到别人、关心苍生：“安得广厦千万间，大庇天下寒士俱欢颜”。确实需要有对这种精神的宣传。如果没有这类精神巨人作为楷模，一个民族的全民素质平均值很难大幅度提高的。

中国的文化为什么流传下来？还是靠人的力量。中国的历史很讲究君子的标杆作用。君子的胸怀和风度，不见得每个人都能做到。中国的古代不是每个人都是君子，但中国的文人必须是君子。这既是一个软指标，也是一个硬指标。堂堂正正一辈子，至少是对有一定知识水平的人的要求。

中国对君子有好几种解释。一种是“天行健，君子以自强不息”，还有一种是“君子坦荡荡”。

前几天在我的新浪微博还有人留言问我，诗人都是君子吗？我答复：“不做伪君子，但求真坦荡。”这个回答肯定也应合了这几年的风气：正气在上升。说起来才能大言不惭。前几年是要被人笑话的。至少我在生活与创作中，都要求自己不给诗人群体丢脸。

前些年有个流行语是“宁做真小人、不做伪君子”。我现在也同样要求自己不做伪君子，但是我希望真坦荡。这就表现出了我的理想，不是名义上我要怎么样，我希望能够很坦荡，因为坦荡就是君子的精神内核，也就是堂堂正正一辈子。前些年不是这样的，前些年堂堂正正好像和大家无缘的，要么你做伪君子，要么做真小人，只有两种选择，二元对立的。要么很虚伪，溜须拍马，钩心斗角，搞阴谋，要么明目张胆，赤裸裸的。

我们谈的好多话题都是二元对立的，中国的文化像钟摆似的，一会儿过于负面，一会儿过于正面。我们经常看到的是两个极端，却忽略了中间。秋千从中间地带荡过去，但是不多作停留。实际上中国就应该在中间阶段多停留一会儿，客观的繁荣与和谐才能真的达到。

忽然想起蒋介石。不管他的人怎么样，名字又叫蒋中正。

这也是中国文化的一个概念：中才能正，中才是正。中庸之道才是正道、大道。要想拥有中和之美，就不能偏激，不该极端。“堂堂正正一辈子”中这个“正”字，也给我们很多提醒。

最早我开博客是比较被动的，因为好多诗人都开了，我也就开了。有人说你的博客风格太正了，不太适合风起云涌的网络时代。那个时候网络上负面新闻更适宜传播，更吸引眼球。常常是负面的信息或极端的态度更容易获得网站推荐。好多诗人说我写的诗比较正，但是从我个人感觉，我就是要坚持自己的审美观，坚持一种底线。诗歌对于我个人来讲还是要弘扬真善美。现在看来，这种风格还是可能得到更多读者喜欢的。

但是，假丑恶和真善美是不是两极？我发现不是。以前觉得我是站在真善美一边，后来发现真善美并不极端。反倒是假丑恶与假大空，形成了两极，互相较劲。秋千摇摆的时候都会荡过中间的真善美，但是都忽略了真善美。其实，还是要把真善美作为一种全民素质的教育，或者作为一种文学、一种文化的宗旨。

堂堂正正，并不是说我们要做英雄一辈子，轰轰烈烈。有些人可以做到，但不能要求每个人都天天做英雄，那可能做不到。要求每个人都像雷锋那样活着，我觉得也不太现实。但这个民族必须有一部分人，最好是越来越多的人，愿意牺牲自己的利益去做雷锋，助人为乐。像我们民族光辉历史上那些诗人，那些君子，“先天下之忧而忧，后天下之乐而乐”。他们愿意，他们是自愿的。向他们致敬，才能提高民族精神的平均值。

在这个意义上来说我觉得《堂堂正正一辈子》这本书出得很及时。不要认为它是弘扬高不可攀的精神。对某些人来说确实需要踮起脚才能够得到。不能说这些人素质不行。我们要考虑社会环境。社会环境是否要求我们堂堂正正一辈子？是否允许我们堂堂正正一辈子？

屈原的时代很难堂堂正正一辈子，所以堂堂正正的屈原不得善终，其他溜须拍马的弄臣反而很得逞。杜甫的时代也是这样。某种意义上，堂堂正正一辈子，是理想，还是成为现实？要从个人与社会两个方面来理解。《堂堂正正一辈子》这本书是教育个人的修行，但是每个人修行到一定程度的时候也要考虑，所有人都能从中悟到：堂堂正正，不仅仅是中国梦，不仅仅是每个中国人该做的梦，也是我们应该实现的理想。因为所有人都想堂堂正正一辈子。谁希望总是在领导面前低三下四？但是并不完善的社会环境逼着你委屈自己，甚至扭曲自己。譬如，如果在某些领导面前不卑不亢，他可能不喜欢你。许多人正是因为类似的原因不得不说一些虚伪的话，做一些不愿意做的事，托关系，找后台，献殷勤，请客送礼诸如此类。

北岛的诗句在20世纪80年代曾是名言：“卑鄙是卑

鄙者的通行证，高尚是高尚者的墓志铭。”如果大家都觉得堂堂正正一辈子是个人的人生理想，这样的人多了以后，这些人就会呼吁社会要给这样的人生境界提供更畅通的通行证，不要让堂堂正正成为墓志铭。卑鄙是通行证，高尚是墓志铭，只能说明那是一个不正常不健康的社会。

《堂堂正正一辈子》这本书出得很及时。中国社会处在一个转型期，有很多人意识到了我们需要堂堂正正一辈子，甚至中国本身要在世界上堂堂正正。不要像甲午战争那样被人打得满地找牙。中国形象的高大，也是给予每个中国人的一种无形资产。

每个人都希望在社会环境里，在一个单位里，能够顺从自然地生活和工作。所以我个人认为这本书出得很及时，客观上也是我们的一种人权。

如果很多人觉得堂堂正正的人生境界太高了或者太奢侈了，那我们就要呼吁对社会环境进行一定的改善，使堂堂正正成为我们的通行证，而不是墓志铭。

张立红：洪老师钟摆的比喻让我们耳目一新。大家都知道，正是必经的路，是要回来的路，但是不愿意停留。就像洪烛老师说的，如果我们在中间多停留一下，就不会太累了，如果飘来飘去，这样的人生太累了。

洪烛：国家也是，多停留一会儿，一般就会造就太平盛世。

大地与天空的距离

凤凰网 / 韩浩月

每个小孩子在懵懵懂懂时，听到来自大人的训诫，往往有两种反应，一种是根本听不懂，当作耳旁风过去了；一种是如雷贯耳，心灵仿佛被闪电照耀，从此一生有了难以逾越的戒律。

近日读冯程平、海燕所著的成功心理学著作《堂堂正正一辈子》，不禁想起我少年时的一段经历，某天我奔跑于田野，脚下是丛生的麦苗，头顶是明朗的天空，忽然觉得人生长于大地之上，理应顶天立地，大地与天空的距离，就该是人所应该拥有的全部空间。

中国文化，从殿堂到庙宇，从来都不缺乏教人做人的道理，从孔孟这样的圣人，到乡间的老叟老妪，有关做人的智慧言语繁若星辰，几千年来，正是这些超于律法之外的道理，在道德层面上滋生了儒雅、守礼、规矩的中国人。

《堂堂正正一辈子》正是在这种文化传统下写作的一本书，它总结并提炼了万千做人道理的精华，四个字“堂堂正正”，可以代替千言万语。眼下的时代，充满了老人倒地无人敢扶、路见不平无人敢管的荒诞，不仅坏人失去了对底线的遵守，好人也失去了“行得正、站得直”的坦荡。

“堂堂正正”具有律己律人的力量，在律己方面，一个人一旦要求自己“堂堂正正”，就会不自觉挺直腰杆，内心亮堂，不做亏心事。在律人方面，遇到不公正的事，就会敢于直言，敢于用行动干涉。这样的人多了，就会创造出一个从善如流、嫉恶如仇的族群社会。在一个绝大多数人都堂堂正正的时代，蝇营狗苟之事便会少之又少。

这本由对话体构成的书，把不少佛教禅宗中的经典故事引用到了现代生活的应用与实践。书中的章节，多由一个困惑引起，然后展开一段从世俗到心灵的解读，最后得到一个清澈澄明的结论。对话里的智慧含量，来自于对经典的熟稔，也是来自于对生活的提炼，读者能从中收获的，是掌握如何修行的道理。

做人是一种修行，而修行分不同的阶段与境界。从见山是山，到见山不是山，到见山又是山，一个人要经历多少生活与内心的折磨，才能窥见人生真意。把“堂堂正正”设置为人生追求的终极目标，这注定会成为一段漫长的苦旅，好在，在奔往这个目标的道路上，从一上路就会有收获，如同早晨打开的窗子，第一缕阳光进来，就离满屋光亮不远了。

大地与天空的距离究竟有多远？每个人会有不同的认识，但《堂堂正正一辈子》这本书告诉读者的是，这个距离很好计算——只要内心光亮，一伸手就可以触到天空。

《堂堂正正一辈子》：飞入寻常百姓家的主旋律

且听蜜语

自古以来，对于国家领导人的讲话精神，从来就有着无数的官方解读——我们无论那些解读是否假大空泛也好，是否言尽其详也罢，对于广大的平头百姓、市井小民来说，它也就是一份冷冰冰的广而告之。或直接，或生硬，总之不是普通人所能愿意理解和接受的。然而，新中国人民当家作主了，特别是党的十八大以来习近平主席曾多次提出要改进文风，杜绝空话套话，所以领导的讲话也变得亲民起来。

正因如此，对于领导讲话的解读也变得接地气了许多。除了以往的官方辞令之外，我们也看到了更多的民间人士对国家领导人发言的解读。而这本由中山大学出版社隆重出版发行，作家冯程平、海燕合著的《堂堂正正一辈子》，便号称是目前中国唯一一本非官方学习国家领导人讲话的专辑。因此，这本书的问世，也正如那句古诗所说，真正达到了“旧时王谢堂前燕，飞入寻常百姓家”的境界。从此，让主旋律也变得更加地接地气。

《礼记》云：“修身、齐家、治国、平天下。”这充分说明了家国大事其实和每个人、每个家庭都是息息相关的。

所以，学习领导人的讲话，对于我们认识社会，了解国家，都具有极其重要的作用。小时候，爸妈就叫我们堂堂正正地做人，而这其实就是最简朴的家风、家训。正是在父母的这种教育下，我们才成长为社会主义事业的建设者和接班人。而《堂堂正正一辈子》这本书，便称得上是一本家风的集锦，其中的每句话都含义深刻，意味深长，具有极强的教育意义。

特别是在这个金钱至上的年代，越来越多的人从“向前看”变成了“向钱看”，个人利欲的膨胀导致了社会风气每况愈下，贪污腐败层出不穷。以至于国家都必须下大力气反腐。习近平总书记上任之后，反腐力度空前，老虎苍蝇一起打已初见成效，而要巩固这一阶段性成果，这时候就更加需要纠正家风，从个人，从家庭着手，将社会风气拉回正轨上来。因为只有堂堂正正做人，才不会像某些高官那样身陷囹圄！而《堂堂正正一辈子》这本书中的内容，对塑造良好的家风大有裨益。

在这本书中，不乏“志向始于心，止于仁爱、善德”、“唯有长养人之浩然正气，方能养正气于天地”。“脚下有路是一种践行，心中有路则是人生的方向。”“温暖的话语感动人，赞叹的话语成就人。”这样励志的句子，这样隽永的词语。可以说，书中的每一句话，都是经过悉心雕琢的。美轮美奂、旨趣深邃、意境高远，无怪乎在出版的过程中就受到了文化界专家的普遍赞扬，甚至有一些专家激动地表示“这样的好书早就该出了”！

对于中国人来说，家事国事天下事，事事关心。小则利己，大则利人。让飘扬的主旋律和振奋人心的领导讲话能够进入寻常百姓之家，能够让人看得懂，读得透，并且通过本书作者的诠释变得更加有深刻的文化内涵，这何尝不是一件以小见大的好事呢？况且，从更高的角度来看，这本书的推出，也说明了民众也有了话语权，能够自己解读国家大事甚至领导的讲话。这无不显示出我们国家更加开放，全面深化改革的步伐也在加大。所以，这本书，对于推进中国民主新进程的意义同样非同凡响。

堂堂正正为生命放歌

胡艳丽

《堂堂正正一辈子》写得颇为大气洒脱。书中，两位作者将对“人”的理解贯串于全书的始终，将清清朗朗做人、明明白白做事的人生信条，融入旁征博引的小典故、小哲理之中，从头至尾意态天真。

从文字方面，两位作者的文风在今天颇为“不合时宜”，其文字之周正与他们在交谈中流露出的方正、刚直、简单如出一辙，在今天的文坛上颇为少见。书中大部分篇章结尾处都有对文章内容的总结升华，笔者以为若能在所议所谈的典故、思想以外，对文章进行适当的留白处理，或许能够给予读者更多的醒思空间。需要指出的是，该书更适合于青少年阅读，成年人的眼里，融入了太多的世俗、功利、圆滑，面对这样一清二白的文字，怕是已读不出三分韵味。

该书层层铺展开的人生大格局，一改市面上普通励志书籍，纠结于一己得失，从内心感受入手的小气象，颇有几分扫除浮躁、摒弃浮名虚利、追求生命本真的大气度。在各章节中，两位作者用师生对话的形式，展开了一场场心灵漫谈，他们的思想见识，有补充有交融，在表面轻松的谈话形式之下，展现的是他们对人生的深刻见解。

例如，在“做游戏、悟心灵——数字话心灵”一文中，两位作者如少年孩童，做起了数字游戏，海燕用“从一到十是横竖的相互支撑，简单而不偏不倚”“从一到0，是横的心在柔软，简单中包含圆融圆满”阐明生命态度，冯程平用“从3到8，是3与3执手相望的合并肩，从0到8是双0之间的相互执手相擎”讲述人与人之间相互依偎相互扶助的关系。在读者还沉浸在有趣有味的游戏之中时，两位作者话锋一转，将数字与数字之间的圆舞曲带入到人们的思维层面，转入关于突破思维固有定式，突破人生种种不可能的论述之中。不论是从敲击木桶到发明听枕器的思维转变，还是从“要是”到“下次”的视点转换，都是一气呵成，简单、干脆。

希望阅读此书，每一位读者都能有所感悟，放下心中的悔，不再纠结过往，从渴望回到从前的“要是”模式，调整到放眼未来，做好当下的“下次”模式。同时，我也希望在忙碌的人生旅途中，我们每个人在内心深处都能拥有“一到0”的柔软，在与人相处中获得“从一到十”的相互支撑。

一撇一捺，撑起来的只是人的形状，若想将人真正立起来，堂堂正正地立于天地间，还需要养一股人之为人的浩然之气，养一种坦坦荡荡的人生情怀。冯程平用“我有服务于人吗？”、“我有帮助于人吗？”、“我有得罪于人吗？”、“我有伤害于人吗？”、“我有善尽职责吗？”、“我有生气烦恼吗？每日六问来帮助自己正言正行，立身立人。无疑这每日六问，对杂事繁忙的现代人来讲，过于严苛，与当今社会大众标榜个性、我行我束的行为风格不符，但假若我们能经常以六问正己，人与人之间的矛盾、冲突、误解很多都会消散于无形。海燕的“从私人到思人”、“从炼人到恋人”、“从碍人到爱人”、“从过家到国家”，虽在文字上略有生涩的感觉，但这种由人到自己，从小我到大我的人生境界，还是颇值得读者借鉴学习的。

“天空的高远携手正见，大地承载孕育正思维”，在天与地之间，我们当堂堂正正行走，用心与光对话、与水交流，心思纯正，心怀坦荡，用精神为一撇一捺撑起的人字注入能够立于天地间的浩然之气。

淡泊明志 正气养身

邓春田

喜闻程平先生与海燕老师共同创作之《堂堂正正一辈子》一书即将出版，细品此书以弘扬社会正能量为己任，从细致入心之处解读习主席相关讲话，唤醒每一个人学习圣贤大德之操守，在一辈子的人生中堂堂正正，正大光明，晓之甚是赞叹。堂堂正正是做人之根本，立业之德能。

回顾走过七十余载光阴，看世世变迁，执一支毫笔，写一方春秋，阅人生风雨，终有所悟：惟有正气乃人之脊梁，生命之傲骨。

年少立志，矢志不渝，这是做人之基石，亦如写字，笔画为基础，胸怀为字风，人生起步最为关键。国之领袖，心怀人民，习近平寄语天下，品读人生，和乐共建，其乐融融。

吾自年少之时与笔墨为伴，与文字结缘，实属因缘和合所致，更感人之成败皆在自心。心怀感恩，正气长存；观总书记之行，身正、行正、心正，人之必成，国之必盛；国之昌盛，民之福祉。吾辈堂堂正正，后辈正大光明；《堂堂正正一辈子》立鸿鹄之志，树幸福人生，写正气豪情，展中华盛世，今欢喜敬贺！

写堂堂正正的人生
画清风正气的作品

谢云生

人生如梦，往往是当你已成为句号后，才能成为一册书。再长一岁我就到了古稀之年，回首过去的人生轨迹如白驹过隙般飞快。

我在国家级爱国主义教育基地董存瑞陵园工作了近四十年，是在不朽的事业中奋斗，在别人眼里看似寂寞，但我觉得这样的人生是无限风光的。

而作为专业美术师，多年来我以书画为根本，弘扬爱国主义，宣传民族精神，体悟舍得的真谛。通过艺术作品、展馆、展示、解说词等教育团员、青年，军人和社会各界人士来此领悟英雄的精神，在不断学习、创作的工作中提升着自己。

工作时间越久，积累得越多，自然而然从内心流露出一种精神与力量，希望藉作品感动他人，吸引他人来认识，欣赏并读懂我所表现的艺术内涵和民族精神。

当即将退休之时，面对领导和同志们对我四十年工作给予肯定时，我感慨万千，因为从我内心来讲，我只是堂堂正正地做了些我应该做的工作，并没有向英雄董存瑞那般壮举，只是凭心尽力完成自己的工作，认真虚心做个好人罢了。多年来我把应尽的义务和奉献作为我的责任，以英雄的不朽精神作为动力，是英雄的精神激励着我堂堂正正地做人、做事。

回忆工作的四十年，我的感悟是学会工作，学会吃苦，不浪费生命，善小必为，堂堂正正地做人奉献。

退休在家，静下心来，时时在想身虽退，心不能退，要把堂堂正正的爱国主义教育工作进行到底，继续写好我的人生。

人生如云，云归故里，女儿以发展文化为责任成立了归云轩，让我的这片云以弘扬传统文化为本，创作各类历史及现代英雄人物书画作品，以此展现和宣传民族正气。

在退休后的近十年中，艺术创作主题开始升华，大量参与慈善公益活动，支持盲人、狮子会、残疾人、红十字会、中国绿化基金会、中华社会文化发展基金会等活动，让慈善成为和谐的种子。

最令我激动的是：作为对我长期以来坚持创作各种题材的代表民族和国家的艺术作品的奖励，2012 年中联部贺筠同志为我颁发荣誉证书，让我感到老有所为的快乐。

更让我自豪的是在全国政协礼堂得到国家领导人、中国绿化基金会名誉主席贾庆林主席的接见。作为六位国家林业局公益人物文化大使之一，我坚持通过书画的艺术创作形式，反映绿色、环保、公益的主题，为生态文明建设和国家林业的发展贡献自己的一分力量。

退而不休，老而有志，这样堂堂正正的人生使我充实、使我荣光载誉。

战斗一生 快乐一生

沈丽洲 刘亚君

程平先生和海燕老师所撰《堂堂正正一辈子》一书即将出版，我有幸先睹为快。几位志同道合的朋友在一起聊起探讨。

习近平的系列讲话及执政大纲让大家充满自信，通过认真学习后，深深觉得民心重振、国家有望。在观看并学习了《习仲勋纪录片》后，我们内心充满了敬意。大家都充满了敬意。这使我们对革命前辈的丰功伟绩、高风亮节、有了深刻的了解。一个信仰坚定、血肉丰满、睿智通达、乐观向上的革命者的光辉形象鲜活地出现在我们的眼前、令我们非常的感动。习公的一生真正是堂堂正正、光明磊落、信仰坚定、百折不挠，是共产党员的光辉典范。毛主席对习公高度评价“群众领袖、智超诸葛、人民的利益高于一切”。

他是中国革命的中流砥柱，是民族的脊梁。他是矗立在人们心中永远的丰碑，习公的夫人齐心评价他“战斗一生、快乐一生”。我们怀着万分崇敬的心情写下了“习公颂”：

少作擎天白玉柱，
暮为架海紫金梁。
超今迈古平边乱，
大吕黄钟振八方。
勤政殿中调国脉，
人民公仆德流芳。
纵横西北惊天地，
主牧南粤起华章。
磊落光明心坦荡，
沉浮不改志辉煌。
亮风高节千秋颂，
两度特区威名扬。
拨乱反正民心定，
清源固本国运昌。
扎根沃土图民富，
情系中华望国强。

习公身教重于言教的做法给我们所有的家长树立了光辉的典范；父母是孩子的榜样，是奠基石，基石好才有江山稳固。我们老百姓人人从我做起就有属于我们中华民族的千秋万代。

祖上在江南，常忆凤仙草；十指轻折一剪梅，便晓春来早。今做牡丹人，造化诗书好；画卷高标十里清，清照夸新巧。我感恩生活在这个年代，让我的诗书画艺术得到弘扬。我为神十搭载两幅作品，书法作品是魏碑榜书“龙腾盛世，华夏精魂”；上款题对联：九天揽月、层云荡胸、明心见性；四海骑鲸、劈浪驾涛、写志抒怀。下款题：神十升天壮我国威、振我民族精神、即兴而成以抒怀抱。国画作品《盛世春风》牡丹图上题诗一首：“雅韵天香传宇外，神州处处沐春风，国容国运同花运，民福在天别样红。”祝福神十红红火火上天，平平安安着地。

“中国梦”是每个中国人的梦，我把承载着千千万万中国人的梦用我们的国花牡丹组成一片升腾的祥云“中国梦”驾着祥云送福人间，画作上题七言诗一首：“强盛终圆中国梦，泱泱华夏振雄风。炎黄子孙齐飞奋，龙腾东方玉宇清。”

我们是幸福的、幸运的，能够用我们祖国的传统文化诗、书、画表达传递我们的心声，传递正能量真是幸运。

认真做事，诚实做人堂堂正正一辈子，堂堂正正代代传。

堂堂正正做“仁”

张晓丽

我从小在爸爸妈妈的怀抱里就悟道了“仁”字，并立志一辈子做堂堂正正的仁。

老祖宗传承给我们的无价之宝就是中华的优秀传统文化——做仁之道。做仁之道，就是修行之道，道应以德为本，行应以善为根。“仁”字最好的体现就是大慈大悲、积德行善、真心实意、公平正义、少私寡欲，善心正念。道在哪里？道在天。天在哪里？天在心里。心即天，天即道。生活中、做事中、做人中要以仁为本，要拥有一颗爱心和善心，踏踏实实做人，干干净净做事，才能够做到堂堂正正一辈子。毛主席说：“做一件好事并不难，难得是一辈子做好事。”

人生心路历程让我深深地体悟到：人生的高峰不在于事业的高度而在于心量和德行的提升，人生的境界就是心灵的境界。

《堂堂正正一辈子》根基点是悟明做仁之道，革命前辈习仲勋告诫世人：战斗一生，快乐一生，天天奋斗，天天快乐。启迪我们悟道得道，幸福一生。

天之本在国，国之本在家，家之本在身，这是孟子所讲的家天下。修身、齐家、治国、平天下是我们炎黄子孙的使命和责任。

究竟怎样才能够做到堂堂正正一辈子，我觉得必须要坚守“五个”要务。

堂堂正正做“仁”，第一要务是正心自律，正心、正念、正觉、正言、正行，植善根、存善心、说善言、行善事、结善果。

堂堂正正做“仁”，第二要务励志图强，立志做这样的仁——天行健，君子以自强不息；地势坤，君子以厚德载物。

堂堂正正做“仁”，第三要务是品德高尚，常怀敬天法祖，仁者爱人的崇高人生境界，热爱宇宙万物，和谐共生。

堂堂正正做“仁”，第四要务是修身养性，静以修身，俭以养德，在常清常静中遵循老子所讲的去“甚”即去除极端要求，去“奢”即去除过分厚享，去“泰”即去除超常生活。

堂堂正正做“仁”，第五要务是尽职尽责，俄国作家托尔斯泰说：“一个人若没有热情，他将一事无成，而热情的基点正是责任心。”做一个有责任心的人，能够做到不因事大而难为，不因事小而不为，不因事多而忘为，不因事杂而错为。

人的一生都在路上，无论人生旅途是长是短，无论生命历程收获是多是少，只要我们心怀一份慈爱与责任、一份清静与包容、一份诚敬与勤俭、一份自信与感恩，怀揣一份善念坐拥一颗正心，正能量将永远与您相伴，幸福感将永远与您相随……

在冯程平先生和海燕老师《堂堂正正一辈子》巨作付梓之即，我敬献给读者朋友们一颗心灵圣树——幸福智慧树。悟善缘……

后记
POSTSCRIPT

《堂堂正正一辈子》一书凝聚了大家的关心与期盼，也凝聚了大家共同的心愿：让社会充满正能量，让人生堂堂正正，让和善中华屹立东方，让民族之光照耀寰宇。本书在写作之中难免有不妥之处，恳请有缘见到此书的善知者给予批评指正。另外本书的精装版在年初出版问世之际得到了社会各界领导、老艺术家及文化名人的支持，特别是清华大学出版社张立红主任对精装版的出版付出极大的心血，在此我们表示真诚的感谢；现在应广大读者要求《堂堂正正一辈子》的平装版即将面世，而在即将问世之时我们也非常欣喜的得到了原全国人大副委员长周铁农首长的亲笔题词，八旬老人习道大欣然泼墨寄语，百岁法师明道长老为本书题写了书名，同时著名书法家邓春田先生、田玉美先生，霍文祥先生等也对本书的即将出版奉献墨宝，领导和艺术家们对本书的厚爱我们深深地表示感谢，普愿“堂堂正正”之精神根植于每个人的心中。

此次《堂堂正正一辈子》平装版由广东省省情调查研究中心、广东省禅宗文化研究基地组织策划，由中山大学出版社出版，在此作为本书的作者，我们对组织策划的各位领导及同仁，对出版社的各位领导及同仁表示真挚的谢意，是你们的默默奉献与敬业精神，得以让《堂堂正正一辈子》一书有幸与广大读者见面，让正气之歌播撒在每个人的心中，感恩你们的辛勤工作，感恩你们的热情付出！最后祝愿大家在生活、工作中写下动人的、美丽的篇章，让堂堂正正的正能量在全社会弘扬，让家风正、国风清的正气在全社会高扬。

冯程平　海　燕

2014 年 9 月 20 日